数理解析学

渡 辺 雅 二 著

大学教育出版

はじめに

現在大学における微分，積分に関する授業では，テクニックや応用が先行し，理論的側面が割愛される傾向にある。数学の重要な一分野として基礎理論を重視したテキストもあるべきと考え，本書の構成には，実数の性質に関する考察から始め，数列，関数と連続性，微分，積分，多変数関数の微分，2 変数関数の積分と続く理論展開に配慮した。本書では，証明を練習問題としている定理もあるが，読者には定理の証明を自ら考えることによって，より理解を深めていただければ幸いである。本書は，巻末の関連図書の内容をもとに構成されたものであり，各トピックの詳細や歴史的背景等に関しては，それらを参照していただきたい。

最後に，本書の出版に際しご協力いただいた，佐藤守氏始め大学教育出版の方々に，厚く御礼申し上げる。

2007 年 4 月
渡辺雅二

目 次

第1章　実数の基本概念

我々は，足し算や掛け算，あるいは大小関係に関する法則をもとに実数を取扱う。この実数の本質は，足し算と掛け算が定義された体と，体に大小関係が導入された順序体，更に順序体に上限生と呼ばれる性質が加味された構造にある。本章では，この実数の構造について考察する。

1.1　体

一般に集合 S が，次の性質を持つとき体であるという。

公理 1 x，y，z を S の任意の要素とする。

1) S の唯一つの要素 $x+y$ が存在する。

2) $x+y=y+x$

3) $(x+y)+z=x+(y+z)$

4) $x+0=x$　となる要素 0 が存在する。

5) $x+y=0$　となる要素 y が存在する。このとき $y=-x$ で表される。

6) S の唯一つの要素 xy が存在する。xy を $x\cdot y$ とも表す。

7) $xy=yx$

8) $(xy)z=x(yz)$

9) $1\cdot x=x$　となる要素 1 が S 内に存在する。

10) $x\neq 0$　ならば　$xy=1$　となる要素 y が存在する。このとき $y=1/x$ で表される。

11) $x(y+z)=xy+xz$

$x+y$ を x と y の和，xy を x と y の積と呼ぶ。有理数の集合 Q は通常の和と積のもとで体である。

定理 1 x, y, z を体 S の任意の要素とする。このとき次の命題が成立する。

1) $x+y=x+z$　ならば　$y=z$

2) $x+y=x$　ならば　$y=0$

3) $x+y=0$　ならば　$y=-x$

定理 1 の証明

1) 公理1, 5) より $x+u=0$ となる唯一つの実数 u が存在する。そこで公理1, 3) より

$$y=0+y=(u+x)+y=u+(x+y)=u+(x+z)=(u+x)+z=0+z=z$$

となる。

2) 1) より $x+y=x$ ならば $x+y=x+0$ なので $y=0$ となる。

3) 1) より $x+y=0$ ならば $x+y=x+(-x)$ なので $y=-x$ となる。

証明終わり

練習問題 1 体 S の任意の要素 x に対して $-(-x)=x$ が成り立つことを示しなさい。

定理 2 体 S の任意の二つの要素 x と y が与えられたとき，$x+z=y$ となる唯一の S の要素 z が存在する。

定義 1 $x+z=y$ となるとき $z=y-x$ で表す。

練習問題 2 定理 *2* を証明しなさい。

定理 3 x, y, z を体 S の任意の要素とする。このとき次の式が成り立つ。

1) $y-x=y+(-x)$

2) $0\cdot x=x\cdot 0=0$

3) $y-x=-(x-y)$

4) $-(xy)=(-x)\,y=x\,(-y)$

5) $x\,(y-z)=xy-xz$

6) $-x=(-1)\cdot x$

練習問題 3 定理 *3* を証明しなさい。

定理 4 x, y, z を体 S の任意の要素とする。このとき次の命題が成立する。

1) $x\neq 0$　かつ　$xy=xz$　ならば　$y=z$

2) $x \neq 0$　かつ　$xy = x$　ならば　$y = 1$

3) $x \neq 0$　かつ　$xy = 1$　ならば　$y = 1/x$

4) $x \neq 0$　ならば　$1/(1/x) = x$

練習問題 4 定理 *4* を証明しなさい。

定理 5 任意の二つの要素 x と y が与えられたとき，$x \neq 0$ ならば $xz = y$ となる唯一の要素 z が存在する。このとき $z = y/x$ で表される。すなわち $x\,(y/x) = y$ が成り立つ。

練習問題 5 定理 *5* を証明しなさい。

練習問題 6 体 S の要素 x と y に対して，次の命題が成立することを示しなさい。

$$xy = 0 \quad \text{ならば} \quad x = 0 \quad \text{か} \quad y = 0 \quad \text{である。}$$

練習問題 7 体 S の要素 x と y に対して，次の式が成り立つことを示しなさい。

$$(-x)\,(-y) = xy$$

定理 6 x, y, u, v を体 S の任意の要素とする。このとき次の命題が成立する。

1) $x \neq 0$　ならば　$y/x = y\,(1/x)$

2) $x \neq 0$　かつ　$y \neq 0$　ならば　$1/\,(xy) = (1/x)\,(1/y)$

3) $x \neq 0$　かつ　$u \neq 0$　ならば　$(y/x) + (v/u) = ((yu) + (xv))\,/\,(xu)$

4) $x \neq 0$　かつ　$u \neq 0$　ならば　$(y/x)\,(v/u) = (yv)\,/\,(xu)$

5) $x \neq 0$　かつ　$y \neq 0$　ならば　$1/\,(y/x) = x/y$

6) $y \neq 0$　かつ　$u \neq 0$　かつ　$v \neq 0$　ならば　$(x/y)\,/\,(v/u) = (xu)\,/\,(yv)$

練習問題 8 定理 *6* を証明しなさい。

1.2 順序と上限性

二つの有理数 p と q に対して $p < q$ か $p = q$ か $p > q$ かのいずれかが成り立つ。有理数の集合のように，集合 S の二つの要素 x と y 対して定義された関係 $x < y$ が次の性質をもつとき，順序と呼ぶ。

公理 2　　**1)** S の任意の二つの要素 x と y に対して

$$x < y \quad \text{か又は} \quad x = y \quad \text{か又は} \quad y < x$$

のいずれかが成り立つ。

2) S の任意の三つの要素 x と y と z に対して

$$x < y \quad \text{かつ} \quad y < z \quad \text{ならば} \quad x < z$$

が成り立つ。

順序が定義された集合を順序集合という。

定義 2 x と y を順序集合 S の任意二つの要素とする。

1) $x < y$ か又は $x = y$ が成り立つとき $x \leq y$ で表す。

2) $x < y$ が成り立つとき $y > x$ で表す。

3) $y > x$ か又は $x = y$ が成り立つとき $y \geq x$ で表す。

定義 3 集合 S を順序集合，T を S の部分集合 $(T \subset S)$ とする。

1) T の任意の要素 x に対して $x \leq u$ となる S の要素 u があるとき，T は上に有界であるという。また，このとき u は T の上界であるという。

2) T の任意の要素 x に対して $x \geq u$ となる S の要素 u があるとき，T は下に有界であるという。また，このとき u は T の下界であるという。

定義 4 集合 S は順序集合，$T \subset S$ であり，T は上に有界であるとする。S の要素 u は，次の二つの条件を満たすとき T の上限であるといい，$u = \sup T$ で表す。

1) u は T の上界である。

2) T の任意の上界 x に対して $u \leq x$ が成り立つ。

定義 5 集合 S は順序集合，$T \subset S$ であり，T は下に有界であるとする。S の要素 v は，次の二つの条件を満たすとき T の下限であるといい，$v = \inf T$ で表す。

1) v は T の下界である。

2) T の任意の下界 x に対して $v \geq x$ が成り立つ。

定義 6 順序集合 S の空集合でない，上に有界な部分集合には，必ずその上限が存在するとき，S は上限性を備えるという。

定理 7 順序集合 S は上限性を持ち，空集合でない S の部分集合 T は下に有界であり，T の下界の集合を L とする。このとき $v = \sup L$ が存在し，$v = \inf T$ となる。

練習問題 9 定理 7を証明しなさい。

1.3　有理体と切断

定義 7 順序集合 T の任意の要素 x, y, z が次の条件を満たすとき，T は順序体であるという。

1) $y < z$　ならば　$x + y < x + z$

2)　$x > 0$　かつ　$y > 0$　ならば　$xy > 0$

練習問題 10 順序体の要素 x, y, z に対して，次の命題が成立することを示しなさい。

1) $x > 0$　ならば　$-x < 0$

2) $x < 0$　ならば　$-x > 0$

3) $x > 0$　かつ　$y < z$ ならば　$xy < xz$

4) $x < 0$　かつ　$y < z$ ならば　$xy > xz$

5) $x \neq 0$　ならば　$x^2 = x \cdot x > 0$

6) $0 < x < y$　ならば　$0 < 1/y < 1/x$

練習問題 11 順序体の要素 1 対して，不等式 $1 > 0$ が成り立つことを示しなさい。

S を体 T の部分集合とする。S 自身体であるとき S は T の部分体であるという。実数の集合 $\boldsymbol{R}$ は上限性を備えた順序体であり，有理数の集合 Q を部分体とするものであることが示されている。このとき実数の集合 R は，切断と呼ばれる要素から構成される。有理数の集合 Q の部分集合 A は，次の三つの条件を満たすとき切断と呼ばれる。

1) $A \neq \phi$ かつ $A \neq Q$。

2) $p \in A$ かつ $q \in Q$ かつ $q < p$ ならば $q \in A$。

3) $p \in A$ ならば $p < r$ となる r が A 内に存在する。

R の二つの切断 A と B の和 $A + B$ を，それぞれ A と B に属する有理数 a と b の和 $a + b$ からなる集合とする。また，切断 0 を，負の有理数の集合とする。このとき任意の切断 A に対して $A + 0 = A$ となることが示される。更に，$-p - r \in A$ となる正の有理数 r が存在する，すべての有理数 p の集合を $-A$ とするとき，$A + (-A) = 0$ となることが示される。切断の集合 R の順序 $<$ は次のとおり定義される：A と B が R の切断であり，A が B の真部分集合であるとき $A < B$ とする。このとき $A > 0$ である必用十分条件は $-A < 0$ であることが示される。$R^+ = \{A \in R \,|\, A > 0\}$ とする。このとき R の任意の切断 A と B

に対して，A と B の積 AB を，$p \leq rs$ となる正の有理数 r と s がそれぞれ A と B に存在する有理数 p の集合とする。更に，任意の切断 A と0の積を0,

$$AB = \begin{cases} (-A)(-B), & A < 0,\, B < 0 \\ -\{(-A)\,B\}, & A < 0,\, B > 0 \\ -\{A\,(-B)\}, & A > 0,\, B < 0 \end{cases}$$

とする。このとき R が順序体であり，また上限性を備えることが示されている。この結果を定理8にまとめる。

定理 8 上限性を備え，有理数の集合 Q を部分体とする順序体 $\boldsymbol{R}$ が存在する。

練習問題 12 次の命題が成り立つことを示しなさい。

$$\text{任意の正の実数}\,\epsilon\,\text{に対して}\quad a \leq b + \epsilon \quad \text{ならば} \quad a \leq b$$

定理 9 h をある正の実数，S を実数の集合とする。このとき

1) S の上界が存在するならば，$x > \sup S - h$ となる x が S の中に存在する。

2) S の下界が存在するならば，$x < \inf S + h$ となる x が S の中に存在する。

練習問題 13 定理 *9* を証明しなさい。

定理 10 $\boldsymbol{R}$ の二つの部分集合 A と B は空集合ではなく，$C = \{a + b \mid a \in A,\, b \in B\}$ とする。

1) A と B 両方の上限が存在するならば，C は上に有界であり，$\sup C = \sup A + \sup B$ が成り立つ。

2) A と B 両方の下限が存在するならば，C は下に有界であり，$\inf C = \inf A + \inf B$ が成り立つ。

練習問題 14 定理 *10* を証明しなさい。

定理 11 $\boldsymbol{R}$ の二つの部分集合 S と T は空集合ではなく，S に属する任意の s と T に属する任意の t に対して $s \leq t$ が成り立つとする。このとき

$$\sup S \leq \inf T$$

が成り立つ。

練習問題 15 定理 *11* を証明しなさい。

練習問題 16 実数の集合 S に対して，$-S = \{x \mid -x \in S\}$ と定義する。S に属する任意の実数 x に対して $x \geq a$ となる実数 a があるとする。このとき S の下限 $\inf S$ と $-S$ の上限 $\sup(-S)$ が存在し，$\sup(-S) = -\inf S$ となることを示しなさい。

1.4 正の整数と数学的帰納法

定義 8 実数の集合 S は，次の二つの条件を満たすとき帰納的集合であるという。

1) $1 \in S$

2) $x \in S$ ならば $x+1 \in S$

定義 9 任意の帰納的集合に属する実数を正の実数と呼ぶ。

定理 12 正の実数の集合を P は帰納的集合である。

練習問題 17 定理 *12* を証明しなさい。

定理 13 正の整数の集合 $\boldsymbol{P}$ は上に有界ではない。

練習問題 18 定理 *13* を証明しなさい。

定理 14 任意の実数 x に対して

$$n > x \tag{1.1}$$

となる正の整数 n が存在する。

練習問題 19 定理 *14* を証明しなさい。

定理 15 x と y は実数であり，$x > 0$ ならば，$nx = y$ となる正の整数 n が存在する。

練習問題 20 定理 *15* を証明しなさい。

定理 16 x と y は実数であり，$x < y$ ならば，$x < q < y$ となる有理数 q が存在する。

練習問題 21 定理 *16* を証明しなさい。

正の整数に関する命題が真であることを示すため数学的帰納法という方法が用いられることがある。正の整数 n に関するある命題 $A(n)$ が真となる正の整数 n の集合を S とする。命題 $A(n)$ がすべての正の整数 n に対して真となることを示すには，先ず $A(1)$ が真であることを示し，次に $A(k)$ が真であるという仮定のもと $A(k+1)$ が真であることを示す。このとき S は正の集合全体であり，命題 $A(n)$ はすべての正の整数 n に対して真となる。

練習問題 22 次の式が成り立つことを数学的帰納法により証明しなさい。

1) $\displaystyle\sum_{k=1}^{n} k = 1 + 2 + \cdots + n = \frac{n(n+1)}{2}$

2) $\displaystyle\sum_{k=1}^{n} k^2 = 1^2 + 2^2 + \cdots + n^2 = \frac{n(n+1)(2n+1)}{6}$

3) $\displaystyle\sum_{k=1}^{n} k^3 = 1^3 + 2^3 + \cdots + n^3 = \left(\sum_{k=1}^{n} k\right)^2$

練習問題 23 すべての正の整数 n に対して式

$$a^n - b^n = (a-b)\sum_{l=1}^{n} a^{n-l}b^{l-1} \tag{1.2}$$

が成り立つことを数学的帰納法により証明しなさい。

練習問題 24 $0! = 1,\ 1! = 1,\ n! = (n-1)! \cdot n,\ n = 2, 3, \ldots$ とする。また

$$\begin{pmatrix} n \\ k \end{pmatrix} = \frac{n!}{k!\,(n-k)!}$$

とする。数学的帰納法により次の式が成り立つことを示しなさい。。

$$(x+y)^n = \sum_{k=0}^{n} \begin{pmatrix} n \\ k \end{pmatrix} x^k y^{n-k}$$

練習問題 25 $a_1 = 1,\ a_2 = 2,\ a_{n+1} = a_n + a_{n-1},\ n = 2, 3, \ldots$ とする。このとき

$$a_n < \left(\frac{1+\sqrt{5}}{2}\right)^n, \quad n = 1, 2, 3, \ldots$$

となることを数学的帰納法により示しなさい。

1.5　絶対値

定義 10 実数 x の絶対値 $|x|$ は

$$|x| = \begin{cases} x & x \geq 0 \\ -x & x \leq 0 \end{cases}$$

で定義される非負の実数である。

定理 17 任意の実数 x に対して，不等式 $-|x| \leq x \leq |x|$ が成り立つ。

練習問題 26 定理 *17* を証明しなさい。

定理 18 a を任意の非負の実数とする。このとき不等式 $|x| \leq a$ が成り立つことは，不等式 $-a \leq x \leq a$ が成り立つことの必用十分条件である。

練習問題 27 定理 *18* を証明しなさい。

定理 19 任意の二つの実数 x と y に対して，不等式 $|x+y| \leq |x| + |y|$ が成り立つ。

練習問題 28 定理 *19* を証明しなさい。

定理 20 任意の n 個の実数 $x_1, x_2, \ldots, x_n$ に対して不等式

$$\left| \sum_{k=1}^{n} x_k \right| \leq \sum_{k=1}^{n} |x_k| \tag{1.3}$$

が成り立つ。

練習問題 29 定理 *20* を証明しなさい。

定理 21 任意の二つの実数 x と y に対して，不等式 $||x| - |y|| \leq |x - y|$ が成り立つ。

練習問題 30 定理 *21* を証明しなさい。

第2章　数列と級数

2.1　数列

先頭から順に並べられた実数の集合

$$a_1,\ a_2, \dots,\ a_n, \dots$$

を無限数列あるいは数列という。このとき a_1 を第1項，a_2 を第2項といい，一般に a_n を第 n 項という。数列を記述するため，第 n 項を n の式で表す場合がある。例えば第 n 項が式 $a_n = n - 1/n$ で表される場合，数列は

$$0, \frac{3}{2}, \frac{8}{3}, \frac{15}{4}, \dots$$

となる。また，数列を記述するため複数の式を要する場合もある。例えば，$a_{2k-1} = 1/k$, $a_{2k} = 1/k^2$ $(k = 1, 2, 3, \dots)$ ならば，数列は

$$1, 1, \frac{1}{2}, \frac{1}{4}, \frac{1}{3}, \frac{1}{9}, \dots$$

となる。更に，次の Fibonacci 数列のように，第 n 項を既知の項から求めるための式が与えられる場合もある。

$$a_1 = 1, \quad a_2, = 1, \quad a_{n+1} = a_n + a_{n-1} \quad (n = 2, 3, 4, \dots)$$

この場合，数列は

$$1, 1, 2, 3, 5, 8, 13, 21, 34, 55, 89, \dots$$

となる。いずれにしても数列は正の整数 n に実数 a_n を対応させる規則であることから，正の整数全体を定義域とする関数であるといえる。

第 n 項が a_n である数列を $\{a_n\}$ で表すことにする。

定義 11 任意の正の実数 ϵ に対して

$$n \geq N \quad \text{ならば} \quad |a_n - a| < \epsilon$$

となる正の整数 N と実数 a が存在するならば，数列 $\{a_n\}$ の極限値は a であるという。このとき数列 $\{a_n\}$ は a に収束するといい，

$$\lim_{n \to \infty} a_n = a$$

で表す。収束しない数列は発散するという。

定理 22 任意の正の整数 k に対して，

$$\lim_{n\to\infty}\frac{1}{n^k}=0$$

が成り立つ。

練習問題 31 定理 *22* を証明しなさい。

定義 12 実数の集合 $\{a_1, a_2, a_3, \ldots\}$ が有界なとき，すなわち不等式 $m \leq a_n \leq M$ がすべての正の整数 n に対して成り立つ実数 m と M が存在するとき，数列 $\{a_n\}$ は有界であるという。

定理 23 収束する数列は有界である。

練習問題 32 定理 *23* を証明しなさい。

定理 24 $\lim\limits_{n\to\infty} a_n = a$, $\lim\limits_{n\to\infty} b_n = b$ とする。また c を任意の実数とする。このとき次の式が成り立つ。

1) $\lim\limits_{n\to\infty}(a_n+b_n)=a+b$

2) $\lim\limits_{n\to\infty} ca_n = ca$

3) $\lim\limits_{n\to\infty} a_nb_n = ab$

練習問題 33 定理 *24* を証明しなさい。

定義 13 任意の正の実数 M に対して

$$M \geq N \quad \text{ならば} \quad a_n > M$$

となる正の整数 N が存在するとき数列 $\{a_n\}$ は無限大に発散するといい，

$$\lim_{n\to\infty} a_n = \infty$$

で表す。任意の正の実数 M に対して

$$M \geq N \quad \text{ならば} \quad a_n < -M$$

となる正の整数 N が存在するとき数列 $\{a_n\}$ は負の無限大に発散するといい，

$$\lim_{n\to\infty} a_n = -\infty$$

で表す。

定理 25

1) $r > 1$ ならば $\lim_{n\to\infty} r^n = \infty$

2) $|x| < 1$ ならば $\lim_{n\to\infty} x^n = 0$

練習問題 34 定理 *25* を証明しなさい。

定義 14 すべての正の整数 n に対して $a_n \leq a_{n+1}$ となるとき，数列 $\{a_n\}$ は単調増加数列あるいは増加数列であるという。すべての正の整数 n に対して $a_n \geq a_{n+1}$ となるとき，数列 $\{a_n\}$ は単調減少数列あるいは減少数列であるという。増加数列あるいは減少数列は単調数列であるという。

定理 26 単調数列が有界であることは，収束するための必要十分条件である。

練習問題 35 定理 *26* を証明しなさい。

2.2 級数

数列 $\{a_n\}$ が与えられたとき，s_n を最初の n 項の部分和

$$a_n = \sum_{k=1}^{n} a_k = a_1 + a_2 + \cdots + a_n$$

とする。部分和からなる数列 $\{s_n\}$ を無限級数あるいは級数といい

$$a_1 + a_2 + a_3 + \cdots$$

または

$$a_1 + a_2 + \cdots + a_n + \cdots$$

あるいは

$$\sum_{n=1}^{\infty} a_n$$

で表す。数列 $\{s_n\}$ が収束するならば，すなわち

$$\lim_{n\to\infty} s_n = S$$

となる極限値 S があるならば，級数 $\sum_{n=1}^{\infty} a_n$ は収束するといい，その和は S であるという。このとき

$$\sum_{n=1}^{\infty} a_n = S$$

で表す。数列 $\{s_n\}$ が発散するならば，級数 $\sum_{n=1}^{\infty} a_n$ は発散するという。

有限和に関しては式

$$\sum_{k=1}^{n}(a_k+b_k)=\sum_{k=1}^{n}a_k+\sum_{k=1}^{n}b_k \tag{2.1}$$

と式

$$\sum_{k=1}^{n}ca_k=c\sum_{k=1}^{n}a_k \tag{2.2}$$

が成り立つ。ただし c は定数とする。収束する級数に関しても同様の式が成り立つ。

定理 27 級数 $\sum_{n=1}^{\infty} a_n$ と級数 $\sum_{n=1}^{\infty} b_n$ がともに収束するならば，任意の二つの実数 α と β に対して級数 $\sum_{n=1}^{\infty}(\alpha a_n+\beta b_n)$ も収束し，

$$\sum_{n=1}^{\infty}(\alpha a_n+\beta b_n)=\alpha\sum_{n=1}^{\infty}a_n+\beta\sum_{n=1}^{\infty}b_n$$

となる。

練習問題 36 定理 *27* を証明しなさい。

定理 28 級数 $\sum_{n=1}^{\infty} a_n$ が収束し，級数 $\sum_{n=1}^{\infty} b_n$ が発散するならば級数 $\sum_{n=1}^{\infty}(a_n+b_n)$ は発散する。

練習問題 37 定理 *28* を証明しなさい。

数列 $\{b_n\}$ が与えられたとき，第 n 項 a_n が

$$a_n=b_n-b_{n+1}$$

で表される数列 $\{a_n\}$ を階差数列という。

定理 29 $a_n=b_n-b_{n+1}$. $(n=1,2,3,\dots)$ ならば，級数 $\sum_{n=1}^{\infty} a_n$ が収束するための必要十分条件は数列 $\{b_n\}$ が収束することである。このとき

$$\sum_{n=1}^{\infty}a_n=b_1-b$$

となる。ただし $b=\lim_{n\to\infty}b_n$ とする。

練習問題 38 定理 *29* を証明しなさい。

練習問題 39 次の級数の和を求めなさい。

1) $\displaystyle\sum_{n=1}^{\infty} \frac{1}{n^2+n}$

2) $\displaystyle\sum_{n=1}^{\infty} \frac{1}{n^3+3n^2+2n}$

ある定数 x に対し，第 n 項が x^{n-1} であるような数列 $\left\{x^{n-1}\right\}$ を等比数列という。また第 n 項までの部分和 s_n が

$$s_n = \sum_{k=0}^{n-1} x^k$$

で表される級数

$$\sum_{n=0}^{\infty} x^n \tag{2.3}$$

を等比級数という。$x=1$ ならば $s_n = 1$ なので等比級数 (2.3) は発散する。$x \neq 1$ ならば

$$(1-x)\, s_n = (1-x) \sum_{k=0}^{n-1} x^k = \sum_{k=0}^{n-1} x^k - x^{k-1} = 1 - x^n$$

より

$$s_n = \frac{1-x^n}{1-x} = \frac{1}{1-x} - \frac{x^n}{1-x}$$

となる。

定理 30 $|x| < 1$ ならば等比級数 *(2.3)* は収束し，

$$\sum_{n=0}^{\infty} x^n = \frac{1}{1-x}$$

が成り立つ。$|x| \geq 1$ ならば等比級数 *(2.3)* は発散する。

練習問題 40 定理 *30* を証明しなさい。

練習問題 41 次の級数が収束するための必要十分条件を求めなさい。また，そのときの和を求めなさい。

1) $\displaystyle\sum_{n=1}^{\infty} x^{2(n-1)}$

2) $\displaystyle\sum_{n=1}^{\infty} x^{2n-1}$

2.3　級数の収束条件

級数が，どのような条件下で収束あるいは発散するか考察する。次の定理は，級数 $\sum_{n=1}^{\infty} a_n$ が収束するならば a_n は 0 に近づかなければならないことを示している。この定理より，a_n が 0 に近づかないような級数 $\sum_{n=1}^{\infty} a_n$ は発散する。

定理 31 級数 $\sum_{n=1}^{\infty} a_n$ が収束するならば $\lim_{n\to\infty} a_n = 0$ が成り立つ。

練習問題 42 定理 *31* を証明しなさい。

定理 31 の逆は正しくないこと，すなわち $\lim_{n\to\infty} a_n = 0$ が成り立つ場合でも，級数 $\sum_{n=1}^{\infty} a_n$ が収束するとは限らないことを，調和級数の例が示している (第 8 章)。

次の定理は非負の項からなる級数が収束するための必要十分条件を示す。

定理 32 すべての正の整数 n に対して $a_n \geq 0$ ならば，部分和 $s_n = \sum_{k=1}^{n} a_k$ の数列 $\{s_n\}$ が上に有界であることは，級数 $\sum_{n=1}^{\infty} a_n$ が収束するための必要十分条件である。

練習問題 43 定理 *32* を証明しなさい。

練習問題 44

1) すべての正の整数 n に対して，不等式 $n! \geq 2^{n-1}$ が成り立つことを示しなさい。

2) 定理 *32* と *(1)* の結果より，級数

$$\sum_{n=1}^{\infty} \frac{1}{n!}$$

が収束することを示しなさい。

非負の項からなる二つの級数の各項を比較することにより，収束を判定するための定理を示す。

定理 33 *(比較テスト)* すべての正の整数 n に対して $a_n \geq 0$, $b_n \geq 0$ であり，

$$a_n \leq cb_n \tag{2.4}$$

となる正の定数 c があるとする。このとき級数 $\sum_{n=1}^{\infty} b_n$ が収束するならば級数 $\sum_{n=1}^{\infty} a_n$ も収束する。

練習問題 45 定理 *33* を証明しなさい。

次の系は，定理 24 の前提がある正の整数 N 以上の n に対して成立すれば，その結論が成立することを示す。

系 1 N 以上のすべての正の整数 n に対して $a_n \geq 0,\ b_n \geq 0$ であり $a_n \leq cb_n +$ となる正の定数 c があるとする。このとき級数 $\sum_{n=1}^{\infty} b_n$ が収束するならば級数 $\sum_{n=1}^{\infty} a_n$ も収束する。

練習問題 46 系 *1* を証明しなさい。

次の定理は，二つの級数の項が漸近的に等しいとき，同時に収束または発散することを示す。

定理 34 *(極限比較テスト)* すべての正の整数 n に対して $a_n > 0,\ b_n > 0$ であり

$$\lim_{n\to\infty} \frac{a_n}{b_n} = c$$

となる正の定数 c があるとする。このとき級数 $\sum_{n=1}^{\infty} a_n$ が収束することは級数 $\sum_{n=1}^{\infty} b_n$ が収束するための必要十分条件である。

練習問題 47 定理 *34* を証明しなさい。

練習問題 48 級数

$$\sum_{n=1}^{\infty} \frac{1}{n^2}$$

が収束することを示しなさい。

定理 35 *(ルートテスト)* すべての正の整数 n に対して $a_n \geq 0$ であり

$$\lim_{n\to\infty} a_n^{\frac{1}{n}} = r$$

とする。

1) $r < 1$ ならば級数，$\sum_{n=1}^{\infty} a_n$ は収束する。

2) $r > 1$ ならば級数，$\sum_{n=1}^{\infty} a_n$ は発散する。

練習問題 49 定理 *35* を証明しなさい。

練習問題 50 級数

$$\sum_{n=1}^{\infty} \left(\frac{n+1}{2n}\right)^n$$

が収束することを示しなさい。

定理 36 *(比率テスト)* すべての正の整数 n に対して $a_n > 0$ であり

$$\lim_{n\to\infty} \frac{a_{n+1}}{a_n} = L$$

とする。

1) $L < 1$ ならば，級数 $\sum_{n=1}^{\infty} a_n$ は収束する。

2) $L > 1$ ならば，級数 $\sum_{n=1}^{\infty} a_n$ は発散する。

練習問題 51 定理 *36* を証明しなさい。

練習問題 52 **1)**

$$\lim_{n\to\infty} \left(1 + \frac{1}{n}\right)^n = e$$

となることを仮定し，級数

$$\sum_{n=1}^{\infty} \frac{n!}{n^n}$$

が収束することを示しなさい。

2) *(1)* の結果から

$$\lim_{n\to\infty} \frac{n!}{n^n} = 0$$

であることを示しなさい。

正の項と負の項が交替にあらわれる級数を交替級数という。次の定理は，交替級数はその項が0に近づくとき収束することを示す。

定理 37 *(Leibniz のルール)* すべての正の整数 n に対して $a_n > 0$ であり，数列 $\{a_n\}$ は減少数列であるとする。このとき交替級数

$$\sum_{n=1}^{\infty} (-1)^{n-1} a_n$$

は収束する。この無限和を S とすると，すべての正の整数 n に対して

$$0 < (-1)^n (S - s_n) < a_{n+1}$$

となる。ただし s_n は第 n 項までの部分和である。

練習問題 53 定理 *37* を証明しなさい。

練習問題 54 **1)** 級数

$$\sum_{n=1}^{\infty} \frac{(-1)^{n-1}}{(n-1)!}$$

が収束することを示しなさい。

2) 問題 *1)* の級数の和を S,

$$s_k = \sum_{k=1}^{n} \frac{(-1)^{k-1}}{(k-1)!}$$

とすると

$$0 < S - s_{2n} < \frac{1}{(2n)!}$$

となることを示しなさい。

3) S が有利数でないことを示しなさい。

第3章　関数とその性質

3.1　関数について

数学では，様々な集合と，それら集合に作用する関数についての理論が重要な要素となっている。そこで関数とは何か，ここで改めて考察する。2 つの集合 X と Y が与えられたとき，関数 f は X の任意の要素に唯一つの Y の要素を対応させる規則である。集合 X は関数の定義域と呼ばれ，集合 Y は関数の値域と呼ばれる。関数を表すために，英字やギリシャ文字が用いられる。関数 f の定義域の要素 x が対応させられる値域の要素は $f(x)$ で表され，x での f の値という。一般に，どのような要素の集合も関数の定義域と値域になり得るが，微積分学では特に X と Y が実数の集合の場合に着目する。その場合，関数は実変数の実数値関数，あるいは簡単に実関数と呼ばれる。また，特に断らない限り定義域は f が実数値をもつ最大の集合とする。

集合 X の任意の要素 x に集合 Y の唯一つの要素 $y = f(x)$ を対応させる関数 f が，互いに異なる X の要素を互いに異なる Y の要素に対応させるとき，1 対 1 であるという。すなわち X に属する任意の二つの要素 x_1 と x_2 に対して条件

$$x_1 \neq x_2 \quad \text{ならば} \quad f(x_1) \neq f(x_2)$$

が満たされるとき，関数 f は 1 対 1 であるという。このとき

$$Z = \{y \in Y \mid y = f(x),\, x \in X\}$$

とすると，Z の要素 y に X の唯一つの要素 $x = g(y)$ を対応させる関数 g が定義される。すなわち

$$y = f(x) \quad \text{のとき} \quad x = g(y)$$

とする。この関数 g を f の逆関数という。

3.2　座標平面とグラフ

平面上の点は二つの実数を用いて特定することができる。座標軸と呼ばれる水平線 (x 軸) と鉛直線 (y 軸) を選び，その交点を原点と呼ぶ。原点の右側に，単位距離に相当する点を選ぶ。同様に，鉛直線上にも単位距離に相当する点を原点の上側に選ぶ。このとき平面上の任意の点は，座標と呼ばれる実数の組で表すことが可能となる。例えば，その座標

が $(2,1)$ という点は，x 軸上を原点から単位距離の 2 倍右に移動し，更にその点から上に単位距離だけ移動した点である。この場合 2 は，その点の x 座標，1 は y 座標と呼ばれる。y 軸の右側の点は，すべて正の x 座標をもち，左側の点は，すべて負の x 座標をもつ。また，x 座標より上にある点は，すべて正の y 座標をもち，下にある点はすべて負の y 座標をもつ。

前述のように平面上の点を実数の組 (a,b) で表すとき，a はその点の x 座標を表し，b は y 座標を表す。つまり最初の実数は x 座標，後の実数は y 座標と，実数が表す座標が，その順序で決められている。そこで対 (a,b) は順序対と呼ばれる。$a=c$ かつ $b=d$ と，2 つの順序対 (a,b) と (c,d) は同じ点を表すことは同値である。このように平面上の点と順序対の集合には一対一の関係がある。そこで点と，それを表す座標 (a,b) を同一視し，点 (a,b) ということがある。座標軸は平面を四分割するが，その右上の部分，すなわち $a>0$，$b>0$ を満たす点全体は第 1 象限と呼ばれる。また左上の部分である $a<0,\,b>0$ を満たす点全体は第 2 象限，左下の部分である $a<0,\,b<0$ を満たす点全体は第 3 象限，右下の部分である $a>0,\,b<0$ を満たす点全体は第 4 象限と呼ばれる。

平面上の図形は，ある条件を満たす点の集合である。このような条件を，点 (x,y) の座標が満たす式で表すことができる。例えば，ある点 (a,b) を中心とする半径 r の円は，中心からの距離が r である点 (x,y) の集合，すなわち

$$(x-a)^2+(y-b)^2=r^2$$

となる点 (x,y) の集合である。実数の集合 X を定義域とする実関数 f があたえられたとき座標平面上の集合

$$\{(x,y)\mid x\in X,\ y=f(x)\}$$

を関数 f のグラフ，あるいは曲線 $y=f(x)$ という。

練習問題 55 次の関数のグラフを描きなさい。

1) $f(x)=x$

2) $f(x)=|x|$

3) $f(x)$ は x 以下で最大の整数。

3.3　関数の極限

関数 f は，点 a を含むある区間に定義されているとする。x が a に近づくとき f の値がある実数に近づくならば，その値を極限値という。この場合，f の点 a で値は極限値と無関係であるばかりか，f は点 a で定義されてなくともよい。

定義 15 任意の正の実数 ϵ に対して

$$0 < |x - a| < \delta \quad \text{ならば} \quad |f(x) - b| < \epsilon$$

となる正の実数 δ が存在するとき，b を x が a に近づくときの関数 $f(x)$ の極限値といい

$$\lim_{x \to a} f(x) = b$$

または

$$x \longrightarrow a \quad \text{のとき} \quad f(x) \longrightarrow b$$

で表す。

定理 38

$$\lim_{x \to a} f(x) = b \tag{3.1}$$

であることと

$$\lim_{x \to a} \{f(x) - b\} = 0 \tag{3.2}$$

であることは同値である。

練習問題 56 定理 *38* を証明しなさい。

定理 39

$$0 \leq g(x) \leq f(x) \quad \text{かつ} \quad \lim_{x \to a} f(x) = 0 \quad \text{ならば} \lim_{x \to a} g(x) = 0$$

定理 39 の証明 任意の正の実数 ϵ に対して $0 < |x - a| < \delta$ ならば $0 \leq f(x) < \epsilon$ となる正の実数 δ が存在する。このとき $0 \leq g(x) \leq f(x) < \epsilon$ となり，$\lim_{x \to a} g(x) = 0$ が成り立つ。
証明終わり

系 2 a が属するある開区間の任意の x に対して不等式 $f(x) \leq g(x) \leq h(x)$ が成り立ち，

$$\lim_{x \to a} f(x) = b, \quad \lim_{x \to 0} h(x) = b$$

とする。このとき

$$\lim_{x \to a} g(x) = b$$

となる。

練習問題 57 系 *2* を証明しなさい。

定理 40　**1)** すべての実数 x に対して $f(x)=c$ ならば，任意の実数 a に対して

$$\lim_{x\to a} f(x)=c$$

ただし c は定数とする。

2) すべての実数 x に対して $f(x)=x$ ならば，任意の実数 a に対して

$$\lim_{x\to a} f(x)=a$$

練習問題 58 定理 *40* を証明しなさい。

定理 41 $\lim_{x\to a} f(x)=b,\ \lim_{x\to a} g(x)=c$ とする。

1) $\lim_{x\to a}\{f(x)+g(x)\}=b+c$

2) $\lim_{x\to a}\{f(x)-g(x)\}=b-c$

練習問題 59
定理 *41* を証明しなさい。

補題 1 $\lim_{x\to a} f(x)=b$ とする。このとき

$$0<|x-a|<\delta \quad \text{ならば} \quad |f(x)|<M$$

となる正の実数 δ と M が存在する。

練習問題 60
補題 *1* を証明しなさい。

定理 42 $\lim_{x\to a} f(x)=b,\ \lim_{x\to a} g(x)=c$ とする。このとき

$$\lim_{x\to a}\{f(x)\,g(x)\}=bc$$

となる。

練習問題 61
定理 *42* を証明しなさい。

系 3 $\lim_{x\to a} f(x)=b$ ならば，任意の定数 c に対して

$$\lim_{x\to a} cf(x)=cb$$

となる。

練習問題 62 系 *3* を証明しなさい。

補題 2 $\lim_{x \to a} f(x) = b$ であり $b \neq 0$ とする。このとき

$$0 < |x - a| < \delta \quad \text{ならば} \quad |f(x)| > M \quad \text{かつ} \quad 0 < M < |b|$$

となる正の実数 δ と M が存在する。

練習問題 63 補題 *2* を証明しなさい。

定理 43 $\lim_{x \to a} f(x) = b,\ \lim_{x \to a} g(x) = c$ とする。このとき

$$\lim_{x \to a} \frac{g(x)}{f(x)} = \frac{c}{b}$$

となる。ただし $b \neq 0$ とする。

練習問題 64 定理 *43* を証明しなさい。

定理 44 **1)** 任意の実数 a に対して

$$\lim_{x \to a} x^n = a^n \tag{3.3}$$

となる。ただし n は正の整数とする。

2) 任意の実数 a に対して $P(x) = c_0 + c_1 x + c_2 x^2 + \cdots + c_n x^n = \sum_{l=0}^{n} c_l x^l$ ならば

$$\lim_{x \to a} P(x) = \sum_{l=0}^{n} c_l a^l$$

練習問題 65 定理 *44* を証明しなさい。

定義 16 **1)** 任意の正の実数 ϵ に対して

$$0 < x - a < \delta \quad \text{ならば} \quad |f(x) - b| < \epsilon$$

となる正の実数 δ が存在するとき，x が右側から a に近づくときの f の極限値は b であるといい，

$$\lim_{x \to a+} f(x) = b$$

で表す。

2) 任意の正の実数 ϵ に対して

$$0 < a - x < \delta \quad ならば \quad |f(x) - b| < \epsilon$$

となる正の実数 δ が存在するとき，x が左側から a に近づくときの f の極限値は b であるといい，

$$\lim_{x \to a-} f(x) = b$$

で表す。

変数がある実数に右側から近づく場合と左側から近づく場合では，関数値が近づく値が異なる場合がある。このとき極限値を二つの場合に区別する必要がある。

練習問題 66 x が左側と右側から 0 に近づくときの f の極限値を求めなさい。

1) $f(x) = \dfrac{x}{|x|}$

2) $f(x)$ は x 以下の最大の整数

3.4　連続関数

変数がある点に近づくときの関数の極限値は，近傍からその点自身を除いた部分での関数の挙動に依存し，その点での関数値とは無関係である。ある点での極限値が関数値と一致する場合，その関数はその点で連続であるという。

定義 17 関数 f が次の条件 **1)** と **2)** を満たすとき，a で連続であるという。

1) a は f の定義域に属する。

2) $\lim_{x \to \infty} f(x) = f(a)$ が成り立つ。すなわち任意の正の実数 ϵ に対して

$$|x - a| < \delta \quad ならば \quad |f(x) - f(a)| < \epsilon$$

となる正の実数 δ が存在する。関数 f が実数の集合 S の各点で連続であるとき，S 上で連続であるという。

練習問題 67 関数 f が a で連続ならば a に収束する任意の数列 $\{a_n\}$ に対して数列 $\{b_n\}$ は b に収束することを示しなさい。ただし $b_n = f(a_n)$，$b = f(a)$ とする。

二つの関数 f と g が与えられたとき，関数 h を式

$$h(x) = f(x) + g(x)$$

で定義できる。この関数を f と g の和といい，$f+g$ で表す。すなわち関数 $f+g$ の値 $(f+g)(x)$ は

$$(f+g)(x) = f(x) + g(x)$$

である。同様に f と g の差 $f-g$, 積 $f \cdot g$, 商 f/g も式

$$(f-g)(x) = f(x) - g(x), \quad (f \cdot g)(x) = f(x) \cdot g(x), \quad (f/g)(x) = \frac{f(x)}{g(x)}$$

で定義される。$f+g$, $f-g$, $f \cdot g$, f/g の連続性に関しては定理 41, 定理 42, 定理 43 から次の結果が導かれる。

定理 45 関数 f と g が a で連続ならば次の関数も a で連続である。

1) $f+g$

2) $f-g$

3) $f \cdot g$

4) f/g *(ただし $g(a) \neq 0$ とする)*

練習問題 68 **1)** 定理 *21* により，$q(x) = |x|$ で定義される関数 q は任意の点で連続であることを示しなさい。

2) 関数 f と g が与えられたとき関数 h を式

$$h(x) = \max\{f(x), g(x)\} = \begin{cases} f(x), & f(x) \geq g(x) \text{ が成り立つとき} \\ g(x), & f(x) \leq g(x) \text{ が成り立つとき} \end{cases}$$

で定義する。このとき

$$h(x) = \frac{1}{2}\{|f(x) - g(x)| + f(x) + g(x)\}$$

であることを示しなさい。

3) 関数 f と関数 g が a で連続ならば問題 *2)* で定義された関数 h も a で連続であることを示しなさい。

定理 46 関数 f は a で連続であり，$f(a) \neq 0$ とする。このとき f が開区間 $(a-\delta, a+\delta)$ で $f(a)$ と同じ符号をもつような正の実数 δ が存在する。

練習問題 69 定理 *46* を証明しなさい。

定理 47 関数 f は閉区間 $[a,b]$ 上で連続であり，$f(a)$ と $f(b)$ は異符号をもつとする。このとき $f(c) = 0$ となる実数 c が少なくとも一つ開区間 (a,b) に存在する。

定理 47 の証明 もし $f(a) > 0$, $f(b) < 0$ ならば $g(x) = -f(x)$ に対して $g(c) = 0$ となる実数 c があることを示せばよいので $f(a) < 0$, $f(b) > 0$ と仮定する。

$$S = \{x \in [a,b] \mid f(x) \leq 0\}$$

$f(a) < 0$ なので S は空集合ではない。また S は，$[a,b]$ の部分集合なので上に有界である。したがって S の上限 $c = \sup S$ が存在する。以下 $f(c) = 0$ であることを示す。先ず $f(c) > 0$ と仮定する。このとき定理 46 より $x \in (c-\delta, c+\delta)$ ならば $f(x) > 0$ となる正の実数 δ が存在する。これは c が S の上限であることに矛盾する。なぜならば，$c - \delta < x$ を満たす x が S 内に存在するからである。次に $f(c) < 0$ と仮定する。このとき定理 46 より $x \in (c-\delta, c+\delta)$ ならば $f(x) < 0$ となる正の実数 δ が存在する。これも c が S の上限であることに矛盾する。なぜならば，c は S の上界でなければならないからである。したがって $f(c) = 0$ となる。 **証明終わり**

定理 48 *(中間値定理)* 関数 f は閉区間 $[a,b]$ 上で連続であるとする。また二つの実数 x_1 と x_2 は $[a,b]$ に属し，$x_1 < x_2$, $f(x_1) \neq f(x_2)$ とする。このとき f は $f(x_1)$ と $f(x_2)$ の間のすべての関数値を開区間 (a,b) でとる。

定理 48 の証明 $f(x_1) < f(x_2)$ であり，$f(x_1) < d < f(x_2)$ であると仮定して $f(c) = d$ となる x が開区間 (x_1, x_2) に存在することを示す。

$$g(x) = f(x) - d$$

で定義される関数 $g(x)$ は閉区間 $[x_1, x_2]$ 上で連続で

$$g(x_1) < 0, \quad g(x_2) > 0$$

となる。したがって定理 47 より $g(c) = 0$，すなわち $f(c) = d$ となる実数 c が開区間 (x_1, x_2) に存在する。$f(x_1) > f(x_2)$ であり $f(x_2) < d < f(x_1)$ であるときも，$f(c) = d$ となる x が開区間 (x_1, x_2) に存在することは同様に示される。 **証明終わり**

定理 49 関数 f は閉区間 $[a,b]$ 上で連続であるとする。このとき f は $[a,b]$ 上で有界である。すなわち $[a,b]$ に属するすべての x に対して

$$|f(x)| \leq B$$

となる非負の実数 B が存在する。

定理 49 の証明 f が $[a,b]$ 上で有界でないと仮定する。$[a,b]$ から始めて n 回の 2 等分によって f が有界でない閉区間 $[a_n, b_n]$ が得られたとする。このとき $[a_n, b_n]$ を 2 等分すると二つの区間が得られるが，その中の少なくとも一つで f は有界ではない。二つの区間のうち f が有界でないものを $[a_{n+1}, b_{n+1}]$ とする。また，f が両方の区間で有界でない場合は，左

側のものを $[a_{n+1}, b_{n+1}]$ とする。このようにして得られる数列 $\{a_n\}$ は増加数列であり，上に有界である。したがって

$$\alpha = \lim_{n\to\infty} a_n$$

となる正の実数 α がある。f は α で連続なので，$x \in (\alpha - \delta, \alpha + \delta)$ ならば $|f(x) - f(\alpha)| < 1$ となる正の実数 δ がある。このとき

$$|f(x)| \leq |f(x) - f(\alpha)| + |f(\alpha)| < 1 + |f(\alpha)|$$

となるので f は開区間 $(\alpha - \delta, \alpha + \delta)$ 上で有界である。一方

$$\frac{1}{2^n}(b - a) < \delta$$

となる正の整数 n に対して閉区間 $[a_n, b_n]$ は開区間 $(\alpha - \delta, \alpha + \delta)$ に含まれる。これは f が開区間 $(\alpha - \delta, \alpha + \delta)$ 上で有界であることに矛盾する。したがって f は閉区間 $[a, b]$ 上で有界である。

証明終わり

関数 f の定義域は実数の集合 S であるとする。S に属するすべての実数 x に対して

$$f(x) \geq f(a)$$

となる a が少なくとも一つ S 内に存在するとき，f は S 上で最小値をもつという。このとき $f(a)$ を，f の S 上での最小値という。同様に，S に属するすべての実数 x に対して

$$f(x) \leq f(a)$$

となる b が少なくとも一つ S 内に存在するとき，f は S 上で最大値をもつという。このとき $f(b)$ を，f の S 上での最大値という。

実数の集合

$$T = \{f(x) \mid x \in S\}$$

が有界なとき，すなわち S に属する任意の実数 x に対して

$$|f(x)| \leq B$$

となる非負の定数 B が存在するとき f は S 上で有界であるという。このとき集合 T は上と下に有界なので，その上限と下限が存在する。そこで

$$\sup f = \sup T, \quad \inf f = \inf T$$

とする。

定理 50 関数 f は閉区間 $[a,b]$ 上で連続であるとする。

$$f(c) = \sup f, \quad f(d) = \inf f$$

となる実数 c と d が $[a,b]$ に存在する。

定理 50 の証明 練習問題 16 より $\inf f = -\sup(-f)$ となるので，$f(c) = M = \sup f$ となる c が区間 $[a,b]$ 内に存在することを示せば，$f(d) = \inf f$ となる d も存在することとなる。$M = f(x)$ となる x は $[a,b]$ 内に存在しないと仮定する。このとき $g(x) = M - f(x)$ は $[a,b]$ に属する任意の x に対して $g(x) > 0$ なので関数 $1/g$ も $[a,b]$ で連続である。したがって前述の定理より $1/g$ 上で有界である。したがって $[a,b]$ に属する任意の x に対して

$$\frac{1}{g(x)} < B$$

となる正の実数 B がある。この不等式を

$$f(x) < M - \frac{1}{B}$$

となり $M = \sup f$ であることに矛盾する。したがって $f(x) = M$ となる x が，区間 $[a,b]$ に少なくとも一つは存在する。 **証明終わり**

3.5 合成関数と逆関数

関数 f と g が与えられたとき

$$h(x) = g(f(x))$$

で定義される関数 h を g と f の合成関数といい，$g \circ f$ で表す。すなわち

$$(g \circ f)(x) = g(f(x))$$

である。

定理 51 関数 f は a で連続であり，関数 g は $b = f(a)$ で連続であるとする。このとき g と f の合成関数 $h = g \circ f$ は a で連続である。

練習問題 70 定理 *51* を証明しなさい。

ある区間に定義された関数 f が，$[a,b]$ に属する任意の二つの実数 x_1 と x_2 に対して条件

$$x_1 < x_2 \quad \text{ならば} \quad f(x_1) < f(x_2) \tag{3.4}$$

を満たすとき $f(x)$ は狭義単調増加関数であるという。同様に関数 f が，その定義域に属する任意の二つの実数 x_1 と x_2 に対して条件

$$x_1 < x_2 \quad \text{ならば} \quad f(x_1) > f(x_2) \tag{3.5}$$

を満たすとき $f(x)$ は狭義単調減少関数であるという。狭義単調増加関数と狭義単調減少関数をまとめて狭義単調関数という。狭義単調関数は 1 対 1 であり，したがってその逆関数が定義される。もしもある閉区間 $[a,b]$ に定義された狭義単調関数 f が連続であるとすると，$[a,b]$ に属する任意の二つの実数 x_1 と x_2 に対して条件 (3.4) か条件 (3.5) が成立するので，中間値定理より条件 $f(x_1) < y < f(x_2)$ か，又は条件 $f(x_2) < y < f(x_1)$ を満たす，任意の実数 d に対して $y = f(x)$ となる実数 x が開区間 (a,b) に存在する。すなわち g を f の逆関数とすると $x = g(y)$ となる。したがって関数は $f(x_1)$ と $f(x_2)$ の中間の任意の y に対して定義される。特に，f が狭義単調増加関数であり，$c = f(a)$，$d = f(b)$ とする。このとき f の逆関数 g は閉区間 $[c,d]$ をその定義域とする。また，このとき $[c,d]$ に属する任意の二つの実数 $y_1 = f(x_1)$ と $y_2 = f(x_2)$ に対して $y_1 < y_2$ ならば $x_1 < x_2$ なので

$$y_1 < y_2 \quad \text{ならば} \quad g(y_1) < g(y_2)$$

が成立する。すなわち逆関数 g は狭義単調増加関数である。同様に f が狭義単調減少関数のとき，$c = f(b)$，$d = f(a)$ とすると，f の逆関数 g は閉区間 $[c,d]$ をその定義域とする狭義単調減少関数である。

定理 52 関数 f は閉区間 $[a,b]$ 上に定義された連続な狭義単調増加関数であるとする。このとき $c = f(b)$，$d = f(a)$ とすると，f の逆関数 g は $[c,d]$ 上に定義された連続な狭義単調増加関数である。

練習問題 71 定理 *52* を証明しなさい。

任意の正の整数 n に対して，

$$f(x) = x^n$$

とする。このとき f は，任意の正の実数 a に対して閉区間 $[0,a]$ を定義域，閉区間 $[0,a^n]$ を値域とする連続な狭義単調増加関数なので，逆間数を g をもつ。すなわち $0 \leq x \leq a$ で $y = x^n$ のとき $x = g(y)$ となる。逆関数 g は閉区間 $[0,a^n]$ を定義域，閉区間 $[0,a]$ を値域とする連続な狭義単調増加関数である。逆関数 g の関数値 $g(y)$ を

$$y^{\frac{1}{n}} \quad \text{または} \quad \sqrt[n]{y}$$

で表し，y の n 乗根という。

練習問題 72 任意の正の有理数 $r = m/n$ に対して，

$$f(x) = x^r = \left(x^{\frac{1}{n}}\right)^m = (x^m)^{\frac{1}{n}}$$

とする。このとき f は，任意の正の実数 x で連続であることを示しなさい。

第4章　対数関数と指数関数および三角関数

4.1　対数関数とその性質

対数関数 L は，次の性質をもつ関数であるとする。

性質 1 対数関数の基本的性質

1) L は，その定義域を正の実数全体とする連続な狭義単調増加関数である

2) $L(1) = 0$

3) また，任意の二つの正の実数 x と y に対して $L(xy) = L(x) + L(y)$

$L(x)$ を自然対数，あるいは対数という。式

$$L(x) = \int_1^x \frac{1}{t}\,dt$$

で定義される関数 $L(x)$ は性質 1 を持つことを示すことができる。

性質 1, 1) と 2) から

$$0 < x < 1 \quad \text{ならば} \quad L(x) < 0 \tag{4.1}$$

$$x > 1 \quad \text{ならば} \quad L(x) > 0 \tag{4.2}$$

となることがわかる。

補題 3 任意の正の実数 x と正の整数 n に対して

$$L(x^n) = nL(x) \tag{4.3}$$

練習問題 73 補題 *3* を証明しなさい。

補題 4 任意の正の実数 x と正の整数 n に対して

$$L\left(\frac{1}{x^n}\right) = -nL(x) \tag{4.4}$$

練習問題 74 補題 *4* を証明しなさい。

定理 53 任意の正の実数 M に対して

$$x > a \quad \text{ならば} \quad L(x) > M$$

となる正の実数 a が存在する。また

$$0 < x < b \quad \text{ならば} \quad L(x) < -M$$

となる正の実数 b が存在する。

練習問題 75 定理 *53* を証明しなさい。

次の定理は任意の実数は，唯一つの実数の対数となることを示す。

定理 54 任意の実数 y に対して，

$$y = L(x)$$

となる唯一つの正の実数 x が存在する。

定理 54 の証明 $y = 0$ ならば $x = 1$ とすると $y = L(x)$ となる。$y > 0$ ならば定理 53 により $L(a) > y$ となる正の実数 a が存在する。そこで中間値定理より $y = L(x)$ となる x が開区間 $(1, a)$ に存在する。また $y < 0$ ならば定理 53 により $L(b) < y$ となる正の実数 b が存在し，中間値定理より $y = L(x)$ となる x が開区間 $(b, 1)$ に存在する。$y = L(x_1) = L(x_2)$ となる互いに異なる二つの正の実数 x_1 と x_2 があったとすると，関数 L が狭義単調増加であることに矛盾する。したがって $y = L(x)$ となる実数 x は唯一つである。 **証明終わり**

定義 18 その対数が 1 となる実数を e で表す。すなわち e は，

$$L(e) = 1$$

となる唯一つの実数である。

対数は，その発明者に因み Napier の対数ともいい，通常 log あるいは ln で表す。任意の正の実数 a に対して関数 f を

$$f(x) = \frac{\log x}{\log a}$$

で定義する。このとき f を，a を底とする対数関数と呼び，

$$f(x) = \log_a x$$

で表す。

練習問題 76

$$a_n = \log \frac{n(n+2)}{(n+1)^2}, \quad b_n = \log \frac{n}{(n+1)}$$

とする。このとき

$$a_n = b_n - b_{n+1}$$

となることを示しなさい。更に，

$$s_n = \sum_{k=1}^{n} a_n$$

とする。このとき数列 $\{s_n\}$ の極限値を求めなさい。

4.2 指数関数とその性質

関数 E を，対数を用いて次のように定義する。定理 54 より任意の実数 x に対して

$$x = L(y)$$

となる唯一つの正の実数 y が存在する。このとき

$$E(x) = y$$

とする。このようにして定義された関数 $E(x)$ を指数関数という。指数関数は実数の集合全体をその定義域とし，連続な狭義単調増加関数である。また，その関数値は常に正であり，任意の正の実数 x に対して

$$L(E(x)) = x$$

また，任意の正の実数 x に対して

$$E(L(x)) = x$$

となる。

定理 55

1) 実数の集合全体を定義域とする関数 E は連続であり，狭義単調増加関数である。また，任意の実数 x に対して不等式

$$E(x) > 0$$

が成り立つ。

2) $E(0)=1,\ E(1)=e$

3) 任意の二つの実数 x と y に対して

$$E(x+y)=E(x)E(y)$$

練習問題 77 定理 *55* を証明しなさい。

定理 56 任意の正の実数 M に対して $x>a$ ならば

$$E(x)>M$$

$x<a$ ならば

$$E(x)<M$$

となる実数 a が存在する。

練習問題 78 定理 *56* を証明しなさい。

練習問題 79

1) 任意の実数 x と任意の正の整数 n に対して

$$E(nx)=\{E(x)\}^n$$

となることを示しなさい。

2) 任意の実数 x と任意の正の整数 n に対して

$$E(-nx)=\{E(x)\}^{-n}=\frac{1}{\{E(x)\}^n}$$

となることを示しなさい。

3) 任意の実数 x と任意の正の整数 n に対して

$$E\left(\frac{x}{n}\right)=\{E(x)\}^{\frac{1}{n}}$$

となることを示しなさい。

4) 任意の実数 x と任意の有理数 q に対して

$$E(qx)=\{E(x)\}^q$$

となることを示しなさい。

$E(x)$ は通常 e^x で表される。任意の正の実数 a に対して関数 f を

$$f(x)=e^{x\log a}$$

で定義する。このとき f を，a を底とする指数関数と呼び，

$$f(x)=a^x$$

で表す。

4.3 三角関数とその性質

原点を中心とする半径 r の円を C とする。点 $(r,0)$ を A，また C 上の任意の点を A とすると，線分 OA と線分 OP の広がりの度合いを示す角というものが定義される。この角を $\angle AOP$ で表す。この角の大きさを

$$x = \frac{2S}{r^2}$$

と定義しよう。ただし S を扇形 AOP の面積とする。このとき角 $\angle AOP$ の大きさは x ラジアンであるという。特に C が単位円，すなわち $r=1$ の場合，$x=2S$ であるとき，角 $\angle AOP$ の大きさは x ラジアンであるという。この単位円の面積を π とする。もしも P が，$(1,0)$ を出発し，反時計回りに単位円上を一回転すると，S は 0 から π まで，その間の値を正確に一回ずつとりながら増加することを示すことができる。したがって，角の $\angle AOP$ の大きさ $x=2S$ は 0 ラジアンから 2π ラジアンまで，その間の値を正確に一回ずつとりながら増加する。そこで $0<x<2\pi$ に対して，S が $x/2$ となるように点 $P=(a,b)$ を単位円上に選び，余弦関数 $\cos x$ と正弦関数 $\sin x$ を

$$\cos x = a, \quad \sin x = b$$

と定義する。

これらの関数は，次の基本的な性質を備える。

性質 2 正弦関数と余弦関数の基本的性質

1) 正弦関数と余弦関数は実数全体を定義域とする。

2)

$$\cos 0 = \sin\frac{\pi}{2} = 1, \qquad cos\pi = -1$$

3) 任意の *2* つの実数 x と y に対して

$$\cos(x-y) = \cos x\cos y + \sin x\sin y \tag{4.5}$$

4)

$$0<x<\frac{\pi}{2} \quad \text{ならば} \quad 0<\cos x<\frac{\sin x}{x}<\frac{1}{\cos x} \tag{4.6}$$

練習問題 80 式 *(4.5)* と *(4.6)* が成り立つことを示しなさい。

定理 57 正弦関数と余弦関数は次の性質を備える。ただし x と y は任意の実数とする。

1) $\cos^2 x + \sin^2 x = 1$

2) $\sin 0 = \cos \pi/2 = \sin \pi = 0$

3) $\cos(-x) = \cos x, \quad \sin(-x) = -\sin x$

4) $\cos(x + \pi/2) = -\sin x, \quad \sin(x + \pi/2) = \cos x$

5) $\cos(x + 2\pi) = \cos x, \quad \sin(x + 2\pi) = \sin x$

6) $\cos(x + y) = \cos x \cos y - \sin x \sin y$, $\sin(x + y) = \sin x \cos y + \cos x \sin y$

7) $\cos x - \cos y = -2 \sin \frac{x-y}{2} \sin \frac{x+y}{2}$, $\sin x - \sin y = 2 \sin \frac{x-y}{2} \cos \frac{x+y}{2}$

8) 閉区間 $[0, \pi/2]$ で正弦関数は狭義単調増加関数で，余弦関数は狭義単調減少関数である。

練習問題 81 定理 *57* を証明しなさい。

前述の性質をもつ正弦関数と余弦関数は連続関数である。三角関数には，正弦関数 sine と余弦関数 cosine の他に tangent, secant, cosecant, cotangent がある。

定義 19

1) $\tan x = \dfrac{\sin x}{\cos x}$

2) $\sec x = \dfrac{1}{\cos x}$

3) $\csc x = \dfrac{1}{\sin x}$

4) $\cot x = \dfrac{1}{\tan x}$

4.4 逆三角関数

正弦関数は閉区間 $[-\pi/2, \pi/2]$ 上で連続な狭義単調増加関数で，

$$\sin(-\pi/2) = -1, \quad \sin(\pi/2) = 1$$

なので，閉区間 $[-1, 1]$ を定義域，閉区間 $[-\pi/2, \pi/2]$ を値域とする連続な逆関数が存在する。正弦関数は，閉区間 $[\pi/2, 3\pi/2]$ や $[-3\pi/2, -\pi/2]$ のように他の区間上でも狭義単調関数なので，これらの区間上を値域とする逆関数が定義されるが，特に閉区間 $[-\pi/2, \pi/2]$ を値域とする逆関数を arc sine といい

$$\arcsin \quad \text{または} \quad \sin^{-1}$$

で表す。すなわち $-\pi/2 \leq x \leq \pi/2$, $y = \sin x$ のとき

$$x = \arcsin y$$

とする。関数 arcsin は，閉区間 $[-1, 1]$ をその定義域，閉区間 $[-\pi/2, \pi/2]$ をその値域とし，連続な狭義単調増加関数である。

余弦関数は閉区間 $[0, \pi]$ 上で連続な狭義単調減少関数で，

$$\cos 0 = 1, \quad \cos \pi = -1$$

なので，閉区間 $[-1, 1]$ を定義域，閉区間 $[0, \pi]$ を値域とする連続な逆関数が存在する。余弦関数は，閉区間 $[-\pi, 0]$ や $[\pi, 2\pi]$ のように他の区間上でも狭義単調関数なので，これらの区間上を値域とする逆関数も定義されるが，特に閉区間 $[0, \pi]$ を値域とする逆関数を arc cosine といい

$$\arccos \quad \text{または} \quad \cos^{-1}$$

で表す。すなわち $0 \leq x \leq \pi$, $y = \cos x$ のとき

$$x = \arccos y$$

とする。関数 arccos は，閉区間 $[-1, 1]$ をその定義域，閉区間 $[0, \pi]$ をその値域とし，連続な狭義単調減少関数である。

tangent 関数は，開区間 $(-\pi/2, \pi/2)$ で連続な狭義単調増加関数であり，実数の集合全体をその値域とする。したがって実数の集合全体を定義域，開区間 $(-\pi/2, \pi/2)$ を値域とする逆関数が定義される。tangent 関数は，開区間 $(\pi/2, 3\pi/2)$ や $(-3\pi/2, -\pi/2)$ のように他の区間上でも狭義単調増加関数なので，これらの区間を値域とする逆関数が定義されるが，特に，開区間 $(-\pi/2, \pi/2)$ を値域とする逆関数を arc tangent といい，

$$\arctan \quad \text{または} \quad \tan^{-1}$$

で表す。すなわち $-\pi/2 \leq x \leq \pi/2$, $y = \tan x$ のとき

$$x = \arctan y$$

とする。関数 arctan は，実数の集合全体をその定義域，開区間 $(-\pi/2, \pi/2)$ をその値域とし，連続な狭義単調増加関数である。

練習問題 82 関数 arcsin, arccos, arctan のグラフを描きなさい。

4.5　極限値と無限大

定義 20　**1)** 任意の正の実数 M に対して

$$0 < |x - a| < \delta \quad \text{ならば} \quad f(x) > M$$

となる正の実数 δ が存在するとき，x が a に値がづくときの f の極限値は無限大であるといい，

$$\lim_{x \to a} f(x) = \infty$$

で表す。

2) 任意の正の実数 M に対して

$$0 < |x - a| < \delta \quad \text{ならば} \quad f(x) < -M$$

となる正の実数 δ が存在するとき，x が a に近づくときの f の極限値は負の無限大であるといい，

$$\lim_{x \to a} f(x) = -\infty$$

定義 21　**1)** 任意の正の実数 M に対して

$$0 < x - a < \delta \quad \text{ならば} \quad f(x) > M$$

となる正の実数 δ が存在するとき，x が右側から a に近づくときの f の極限値は無限大であるといい，

$$\lim_{x \to a+} f(x) = \infty$$

で表す。

2) 任意の正の実数 M に対して

$$0 < x - a < \delta \quad \text{ならば} \quad f(x) < -M$$

となる正の実数 δ が存在するとき，x が右側から a に値が近づくときの f の極限値は負の無限大であるといい，

$$\lim_{x \to a+} f(x) = -\infty$$

で表す。

3) 任意の正の実数 M に対して

$$0 < a - x < \delta \quad ならば \quad f(x) > M$$

となる正の実数 δ が存在するとき，x が左側から a に近づくときの f の極限値は無限大であるといい，

$$\lim_{x \to a-} f(x) = \infty$$

で表す。

4) 任意の正の実数 M に対して

$$0 < a - x < \delta \quad ならば \quad f(x) < -M$$

となる正の実数 δ が存在するとき，x が左側から a に値が近づくときの f の極限値は負の無限大であるといい，

$$\lim_{x \to a-} f(x) = -\infty$$

で表す。

定義 22

1) 任意の正の実数 ϵ に対して

$$x > c \quad ならば \quad |f(x) - b| < \epsilon$$

となる正の実数 c が存在するとき，x が無限大になるときの f の極限値は b であるといい，

$$\lim_{x \to \infty} f(x) = b$$

で表す。

2) 任意の正の実数 M に対して

$$x > c \quad ならば \quad f(x) > M$$

となる正の実数 c が存在するとき，x が無限大になるときの f の極限値は無限大であるといい，

$$\lim_{x \to \infty} f(x) = \infty$$

で表す。

3) 任意の正の実数 M に対して

$$x > c \quad ならば \quad f(x) < -M$$

となる正の実数 c が存在するとき，x が無限大になるときの f の極限値は負の無限大であるといい，

$$\lim_{x \to \infty} f(x) = -\infty$$

で表す。

4) 任意の正の実数 ϵ に対して

$$x < -c \quad ならば \quad |f(x) - b| < \epsilon$$

となる正の実数 c が存在するとき，x が負の無限大になるときの f の極限値は b であるといい，

$$\lim_{x \to -\infty} f(x) = b$$

で表す。

5) 任意の正の実数 M に対して

$$x < -c \quad ならば \quad f(x) > M$$

となる正の実数 c が存在するとき，x が負の無限大になるときの f の極限値は無限大であるといい，

$$\lim_{x \to -\infty} f(x) = \infty$$

で表す。

6) 任意の正の実数 M に対して

$$x < -c \quad ならば \quad f(x) < -M$$

となる正の実数 c が存在するとき，x が負の無限大になるときの f の極限値は負の無限大であるといい，

$$\lim_{x \to -\infty} f(x) = -\infty$$

で表す。

対数関数については，定理 53 より

$$\lim_{x \to 0+} L(x) = -\infty, \quad \lim_{x \to \infty} L(x) = \infty$$

が成り立つ。また，指数関数については定理 56 より

$$\lim_{x \to -\infty} E(x) = 0, \quad \lim_{x \to \infty} E(x) = \infty$$

が成り立つ。

第5章　導関数と微分法

5.1　微分係数と導関数の定義と性質

関数 f は x 軸上のある開区間 (b,c) に定義されているとする。a が (b,c) に属するならば，$|h|$ が十分小さいとき $a+h$ も f の定義域 (b,c) に属する。

$$\lim_{h\to 0}\frac{f(a+h)-f(a)}{h}$$

が存在するとき f は a で微分可能であるという。また，この極限値を f の a における微分係数といい $f'(a)$ で表す。f がある区間の各点で微分可能なときに，その区間で微分可能であるといい，また，任意の点で微分可能なときに，単に微分可能であるという。関数 f' を f の導関数という。すなわち f' は次の極限値として定義される関数である。

$$f'(x)=\lim_{h\to 0}\frac{f(x+h)-f(x)}{h}$$

関数 f があたえられたときに，その導関数 f' を求めることを f を微分するという。$y=f(x)$ ならば点 (x,y) は関数 f のグラフ上にある。そこで y' も関数 f の導関数を表す記号として用いられる。

定理 58 関数 f が定数関数のとき，すなわち，ある実数 c があり，任意の x に対して $f(x)=c$ が成り立つならば任意の x に対して $f'(x)=0$ である。

練習問題 83 定理 *58* を証明しなさい。

定理 59 n は正の整数で $f(x)=x^n$ のとき $f'(x)=nx^{n-1}$ である。

練習問題 84 定理 *59* を証明しなさい。

定理 60

$$\lim_{x\to 0}\frac{\sin x}{x}=1 \tag{5.1}$$

練習問題 85 定理 *60* を証明しなさい。

定理 61

$$f(x) = \sin x \quad \text{ならば} \quad f'(x) = \cos x$$

$$g(x) = \cos x \quad \text{ならば} \quad g'(x) = -\sin x$$

練習問題 86 定理 *61* を証明しなさい。

定理 62 関数 f が a で微分可能であるならば，a で連続である。

練習問題 87 定理 *62* を証明しなさい。

定理 63 関数 f と関数 g が x で微分可能であるならば，関数 $h = f + g$ も x で微分可能であり

$$h'(x) = f'(x) + g'(x)$$

練習問題 88 定理 *63* を証明しなさい。

定理 64 関数 f と関数 g が x で微分可能であるならば，関数 $h = f - g$ も x で微分可能であり

$$h'(x) = f'(x) - g'(x)$$

練習問題 89 定理 *64* を証明しなさい。

定理 65 関数 f と関数 g が x で微分可能であるならば，関数 $h = fg$ も x で微分可能であり

$$h'(x) = f'(x)\,g(x) + f(x)\,g'(x)$$

練習問題 90 定理 *65* を証明しなさい。

定理 66 関数 f と関数 g が x で微分可能であるならば，関数 $q = f/g$ も x で微分可能であり

$$q'(x) = \frac{f'(x)\,g(x) - f(x)\,g'(x)}{\{g(x)\}^2}$$

ただし $g(x) \neq 0$ とする。

練習問題 91 定理 *66* を証明しなさい。

練習問題 92 正の実数全体を定義域とする関数 f を

$$f(x) = x^{\frac{1}{n}}$$

とする。このとき

$$f'(x) = \frac{1}{n} x^{\frac{1}{n}-1}$$

となることを示しなさい。

練習問題 93 0 でない実数全体を定義域とする関数 h を

$$h(x) = x^{-n}$$

とする。このとき

$$h'(x) = -nx^{-n-1}$$

となることを示しなさい。

練習問題 94 関数 f が与えられたとき関数 h を

$$h(x) = cf(x)$$

とする。ただし c は定数とする。このとき f が x で微分可能であるならば h も x で微分可能であり

$$h'(x) = cf'(x)$$

となることを示しなさい。

練習問題 95 関数 f を

$$f(x) = a_n x^n + a_{n-1} x^{n-1} + \cdots + a_1 x + a_0 = \sum_{k=0}^{n} a_k x^k$$

とする。このとき

$$f'(x) = \sum_{k=1}^{n} k a_k x^{k-1}$$

となることを示しなさい。

練習問題 96

$$h(x) = \frac{1}{g(x)}$$

ならば

$$h'(x) = \frac{-g'(x)}{\{g(x)\}^2}$$

となることを示しなさい。

練習問題 97 $h(x)$ が次の式で定義されるとき $h'(x)$ を求めなさい。

1) $h(x) = \tan x$

2) $h(x) = \sec x$

3) $h(x) = \csc x$

4) $h(x) = \cot x$

5.2 合成関数の微分法

関数 f の値域がもう一つの関数 g の定義域に含まれるとき

$$u(x) = g[f(x)]$$

で与えられる合成関数 $u = g \circ f$ が定義される。合成関数の微分法は，u の導関数 u' がどのように f と g の導関数の式で表されるか示す。

定理 67
関数 f は x で微分可能であり，関数 g は $y = f(x)$ で微分可能であるとする。このとき合成関数 $u = g \circ f$ は x で微分可能であり

$$u'(x) = g'(y) \cdot f'(x) \tag{5.2}$$

となる。

練習問題 98 定理 *67* を証明しなさい。

式 (5.2) は，$(g \circ f)' = (g' \circ f) \cdot f'$ と表される。そこで $f(x)$ を y，$f'(x)$ を dy/dx，$g(y)$ を z，$g'(y)$ を dz/dy で表すと

$$z = g(y) = g(f(x)) = u(x)$$

となる。このとき式 (5.2) は

$$\frac{dz}{dx} = \frac{dz}{dy}\frac{dy}{dx}$$

となる。関数 f の導関数は Df でも表される。したがって式 (5.2) は，$D(g \circ f) = (Dg \circ f) \cdot Df$ となる。

練習問題 99 次の式で定義される関数 f の導関数を求めなさい。

1) $f(x) = \sqrt{1+x^2}$

2) $f(x) = \arcsin\left(\frac{2x}{1+x^2}\right)$

3) $f(x) = x^{\frac{1}{x}}\ (x > 0)$

4) $f(x) = \sin x \tan x$

5) $f(x) = \frac{1-x^2}{1+x^2}$

6) $f(x) = \frac{\sqrt{x}}{1+\sqrt{x}}$

5.3 逆関数の微分法

逆関数の導関数に関しては定理 68 が成り立つ。

定理 68 関数 f は閉区間 $[a, b]$ で狭義単調増加関数あるいは狭義単調減少関数であり，g は f の逆関数であるとする。f が開区間 (a, b) 内の点 x で微分可能であり，$f'(x) \neq 0$ とすると g は $y = f(x)$ で微分可能であり，

$$g'(y) = \frac{1}{f'(x)} \tag{5.3}$$

となる。

練習問題 100 定理 *68* を証明しなさい。

$f(x)$ を y，$f'(x)$ を dy/dx，$g(y)$ を x，$g'(y)$ を dx/dy で表すと式 (5.3) は

$$\frac{dx}{dy} = \frac{1}{\frac{dy}{dx}}$$

となる。任意の正の実数 x に対して $y = L(x) = \log x$ とすると $x = E(y) = e^y$ であり，また

$$L'(x) = \frac{1}{x}$$

なので，E は y で微分可能であり式 (5.3) より

$$E'(y) = \frac{1}{L'(x)} = \frac{1}{\frac{1}{x}} = x = E(y) = e^y$$

となる。この結果を次の系 4 に示す。

系 4

$$E(x) = e^x \quad ならば \quad E'(x) = e^x$$

系 5 $f(x) = a^x = e^{x \log a}$ とする。ただし a は正の定数とする。このとき任意の点 x において $f'(x)$ が存在し

$$f'(x) = a^x \log a$$

である。

練習問題 101 系 5を証明しなさい。

$x = g(y) = \arcsin y$ とすると $y = f(x) = \sin x$ なので

$$g'(y) = \frac{1}{f'(x)} = \frac{1}{\cos x} = \frac{1}{\sqrt{1-\sin^2 x}} = \frac{1}{\sqrt{1-y^2}}$$

ただし $-1 < y < 1$ とする。

系 6 $-1 < x < 1$ ならば

$$D \arcsin x = \frac{1}{\sqrt{1-x^2}}$$

練習問題 102

$$D \arctan x = \frac{1}{1+x^2}$$

であることを示しなさい。

練習問題 102 の解答 $x = g(y) = \arctan y$ とすると $y = f(x) = \tan x$ なので

$$g'(y) = \frac{1}{f'(x)} = \frac{1}{\sec^2 x} = \frac{1}{1+\tan^2 x} = \frac{1}{1+y^2}$$

となる。したがって

$$D \arctan x = \frac{1}{1+x^2}$$

となる。

練習問題 103 次の式で定義される関数 f の導関数を求めなさい。

1) $f(x) = x^{\gamma}\ (x > 0)$ ただし γ は任意の実数とする。

2) $f(x) = x^{x}\ (x > 0)$

3) $f(x) = x^{\log x}\ (x > 0)$

練習問題 104 次の式で定義される関数 f の導関数を求めなさい。

1) $f(x) = \log \dfrac{1+x}{1-x}$

2) $f(x) = \log |x|$

3) $f(x) = \log \left(x + \sqrt{1+x^2}\right)$

4) $f(x) = e^{\sqrt{1+x^2}}$

5) $f(x) = e^{x} \sin x$

6) $f(x) = \dfrac{e^{x}-1}{e^{x}+1}$

7) $f(x) = \arcsin \cos x$

8) $f(x) = \arcsin \sin^2 x$

9) $f(x) = \arcsin \sqrt{1+x^2}$

10) $f(x) = \arctan \sqrt{1-x^2}$

5.4 陰関数の微分法と対数微分法

原点を中心とする半径 r の円の方程式

$$x^2 + y^2 = r^2 \tag{5.4}$$

のような x と y の方程式を変形し y を x の式で表すこと，すなわち y を x の関数として表すことができる。円の方程式 (5.4) の場合，閉区間 $[-r, r]$ に定義された二つの関数

$$f(x) = \sqrt{r^2 - x^2},\quad g(x) = -\sqrt{r^2 - x^2}$$

が導かれる。この場合

$$f'(x) = \frac{-x}{\sqrt{r^2 - x^2}} = \frac{-x}{f(x)},\quad f'(x) = -\frac{-x}{\sqrt{r^2 - x^2}} = \frac{-x}{g(x)}$$

となり $y=f(x)$ かあるいは $y=g(x)$ のいずれの場合も

$$\frac{dy}{dx}=-\frac{x}{y} \tag{5.5}$$

前述の例のように x と y の方程式で定義される関数を陰関数という。陰関数の導関数は合成関数の微分法を適用することによって求めることができる。例えば y が x の関数として式 (5.4) で定義される場合，両辺を x で微分すると

$$2x+2yy'=0$$

となる。この式を y' について解くと式 (5.5) と一致する。

練習問題 105 次の式で定義される x の陰関数 y の導関数を x と y の式で表しなさい。

1)

$$\frac{x^2}{a^2}+\frac{y^2}{b^2}=1$$

2)

$$\frac{x^2}{a^2}-\frac{y^2}{b^2}=1$$

陰関数の微分法と同様の方法に，対数微分法がある。この方法では，関数 f の導関数を求めるため $g(x)=\log|f(x)|$ とおく。このとき

$$g'(x)=\frac{f'(x)}{f(x)}$$

となるので，$g'(x)$ が $f'(x)$ よりも簡単に求められる場合に役立つ。

練習問題 106 次の式で定義される関数 f の導関数を対数微分法で求めなさい。

$$f(x)=x^4\left(1+x^2\right)^{-3}\cos x$$

第6章　微分法の応用

6.1　極値と微分係数

関数 f の定義域は，実数の集合 S であるとする。S に属するすべての x に対して

$$f(x) \leq f(c)$$

となるような c が少なくとも一つ S に存在するとき，f は S 上で最大値をもつという。このとき $f(c)$ を，f の S 上での最大値といい，f は点 c で最大値をとるという。また，S に属するすべての x に対して

$$f(x) \geq f(d)$$

となるような d が少なくとも一つ S に存在するとき，f は S 上で最小値をもつという。このとき $f(d)$ は，f の S 上での最小値といい，f は点 c で最小値をとるという。定理50は，閉区間 $[a,b]$ 上で連続な関数は $[a,b]$ 上で最大値と最小値をもつことを示している。

点 c を含む開区間 I があり，$I \cap S$ に属するすべての x に対して

$$f(x) \leq f(c)$$

となる c が S 内に存在するとき，関数 f は c で極大値をとるという。もしも点 d を含む開区間 I があり，$I \cap S$ に属するすべての x に対して

$$f(x) \geq f(d)$$

となる d が S 内に存在するとき，関数 f は d で極大値をとるという。極小値と極大値をあわせて極値という。

定理 69　$f(x)$ を開区間 (a,b) に定義された関数とする。$f(x)$ が (a,b) 内のある点 c で極値をとり，$f'(c)$ が存在するならば，$f'(c) = 0$ である。

定理69の証明　f が c で極大値をとるとする。$f'(c) \neq 0$ と仮定する。f は c で微分可能なので $0 < \epsilon < |f'(c)|$ となる ϵ に対して $-\delta < h < \delta$ ならば

$$-\epsilon < \frac{f(c+h) - f(c)}{h} - f'(c) < \epsilon$$

となる正の実数 δ が存在する。もし $f'(c) > 0$ ならば条件 $0 < h < \delta$ を満たす h に対して

$$0 < \left\{f'(c) - \epsilon\right\} h < f(c+h) - f(c)$$

となり，$f(c)$ は極大値ではないことになる。もし $f'(c) < 0$ ならば条件 $-\delta < h < 0$ を満たす h に対して

$$f(c+h) - f(c) > \{f'(c) - \epsilon\} h > 0$$

となり，やはり $f(c)$ は極大値ではないことになる。したがって f が c で極大値をとるならば $f'(c) = 0$ である。

f が c で極小値をとるとすると関数 $g = -f$ は c で極小値をとる。このとき前述の結果より $g'(c) = 0$ となる。したがって $f'(c) = -g'(c) = 0$ となる。 **証明終わり**

練習問題 107 次の式で定義される関数 f の極値を求めなさい。

1) $f(x) = \arctan x^2$

2) $f(x) = e^{-x} \sin x \quad (0 \leq x \leq 2\pi)$

6.2 平均値の定理

微積分学の重要な定理の一つに平均値定理がある。定理 70 は，一般に平均値定理と呼ばれるものと同等である。関数 f が開区間 (a,b) に属するすべての点で微分可能であるとき，(a,b) 上で微分可能であるという。

定理 70 *(Rolleの定理)* $f(x)$ は閉区間 $[a,b]$ 上で連続，開区間 (a,b) 上で微分可能であり，更に条件 $f(a) = f(b)$ を満たすものとする。このとき $f'(c) = 0$ となる c が少なくとも一つ (a,b) 内に存在する。

定理 70 の証明 (a,b) に属するすべての x に対して $f'(x) \neq 0$ と仮定する。定理 50 より f は閉区間 $[a,b]$ 上に，その最大値 M と最小値 m をもつ。もし f が最小値か最大値を (a,b) 内の点でとれば，f' のその点での値は 0 なるので，その最小値も最大値も a か b でとる。一方 $f(a) = f(b)$ より $m = M$ となるが，これは f は $[a,b]$ 上で定数であることを示し，f' は $[a,b]$ で 0 とならないという仮定に矛盾する。したがって $f'(c) = 0$ となる c が少なくとも一つ (a,b) 内に存在する。 **証明終わり**

定理 71 *(平均値の定理)* 関数 $f(x)$ は閉区間 $[a,b]$ 上で連続であり，開区間 (a,b) 上で微分可能であるとする。このとき

$$f(b) - f(a) = (b-a) f'(c)$$

となる c が少なくとも一つ (a,b) 内に存在する。

練習問題 108 *Rolle*の定理 *(*定理 *70)* から平均値の定理 *(*定理 *71)* を導きなさい。

定理 72 *(Cauchyの平均値定理)* 関数 f と g は閉区間 $[a,b]$ 上で連続であり，開区間 (a,b) 上で微分可能であるとする。このとき

$$\{f(b)-f(a)\}\,g'(c)=\{g(b)-g(a)\}\,f'(c)$$

となる c が (a,b) 内にある。

練習問題 109 関数 $h(x)=f(x)\{g(b)-g(a)\}$ に *Rolle*の定理 *(定理 70)* を適用し，*Cauchy* の平均値定理 *(定理 72)* を導きなさい。

練習問題 110 任意の二つの実数 x と y に対して次の不等式が成り立つことを示しなさい。

1) $|\cos y-\cos x|\leq|x-y|$

2) $|\arctan y-\arctan x|\leq|x-y|$

6.3 関数の増減

定理 73 関数 f は閉区間 $[a,b]$ 上で連続であり，開区間 (a,b) 上で微分可能であるとする。

1) (a,b) に属するすべての x に対して $f'(x)>0$ ならば f は $[a,b]$ 上で狭義単調増加関数である。

2) (a,b) に属するすべての x に対して $f'(x)<0$ ならば f は $[a,b]$ 上で狭義単調減少関数である。

3) (a,b) に属するすべての x に対して $f'(x)=0$ ならば f は $[a,b]$ 上で定数関数である。

練習問題 111 平均値の定理 *(定理 71)* から定理 *73* を導きなさい。

定理 74 関数 $f(x)$ は閉区間 $[a,b]$ 上で連続であり，点 c 以外の開区間 (a,b) のすべての点で微分可能であるとする。

1) 条件 $x<c$ を満たすすべての x に対して $f'(x)>0$ であり，$x>c$ を満たすすべての x に対して $f'(x)<0$ ならば f は c で極大値をとる。

2) 条件 $x<c$ を満たすすべての x に対して $f'(x)<0$ であり，$x>c$ を満たすすべての x に対して $f'(x)>0$ ならば f は c で極小値をとる。

練習問題 112 定理 *73* から定理 *74* を導きなさい。

関数 f が与えられたとき，その導関数 f' の導関数を f の第 2 次導関数といい f'' で表す。

定理 75 関数 $f(x)$ は開区間 (a,b) 上で微分可能であり，(a,b) に属する点 c に対して $f'(c)=0$ であるとする。また，$f''(x)$ は (a,b) に属するすべての点 x に対して存在するものとする。

1) (a,b) に属するすべての点 x に対して $f''(x)<0$ ならば f は c で極大値をとる。

2) (a,b) に属するすべての点 x に対して $f''(x)>0$ ならば f は c で極小値をとる。

練習問題 113 定理 *74* から定理 *75* を導きなさい。

実数の集合 S に属する任意の二つの点 x と y に対して

$$x<y \quad ならば \quad f(x)\le f(y)$$

となるとき関数 f は S 上で単調増加関数であるという。また S に属する任意の二つの点 x と y に対して

$$x<y \quad ならば \quad f(x)\ge f(y)$$

となるとき関数 f は S 上で単調減少関数であるという。

$[a,b]$ に属する任意の二つの点 x と y と $0<t<1$ を満たす任意の実数 t に対して

$$f((1-t)x+ty)\le(1-t)f(x)+tf(y)$$

となるとき関数 f は閉区間 $[a,b]$ 上で下に凸であるという。また $[a,b]$ に属する任意の二つの点 x と y と $0<t<1$ を満たす任意の実数 t に対して

$$f((1-t)x+ty)\ge(1-t)f(x)+tf(y)$$

となるとき関数 f は閉区間 $[a,b]$ 上で上に凸であるという。

定理 76 関数 $f(x)$ は閉区間 $[a,b]$ 上で連続であり，開区間 (a,b) のすべての点で微分可能であるとする。このとき f' が (a,b) 上で単調増加関数ならば f は $[a,b]$ 上で下に凸である。

定理 76 の証明 x と y を $[a,b]$ に属する任意の二つの点であり，$x<y$ とする。$z=(1-t)x+ty\ (0<t<1)$ とすると，$x<z<y$ となる。このとき平均値の定理より

$$f(z)-f(x)=f'(c),\quad f(y)-f(z)=f'(d) \tag{6.1}$$

であり，不等式 $x<c<z,\ z<d<y$ を満たす c と d が存在する。f' が (a,b) 上で単調増加関数であり $c<d$ なので $f'(c)\le f'(d)$ となる。一方 $(1-t)(z-x)=t(y-z)>0$ より

$$(1-t)f'(c)(z-x)\le tf'(d)(y-z)$$

この不等式は，(6.1) より

$$(1-t)\left[f(z)-f(x)\right] \leq t\left[f(y)-f(z)\right]$$

となる。この不等式を変形すると

$$f(z) \leq (1-t)f(x)+tf(y)$$

となる。 **証明終わり**

系 7 関数 $f(x)$ は閉区間 $[a,b]$ 上で連続であり，開区間 (a,b) のすべてので微分可能であるとする。このとき f' が (a,b) 上で単調減少関数ならば f は $[a,b]$ 上で上に凸である。

関数 f が閉区間 $[a,b]$ 上で下に凸の場合，$[a,b]$ に属する任意の二つの異なる点 x_1 と x_2 $(x_1<x_2)$ に対して，曲線 $y=f(x)$ $(x_1 \leq x \leq x_2)$ は 2 点 $(x_1, f(x_1))$ と $(x_2, f(x_2))$ を結ぶ線分よりも下に位置する。f が $[a,b]$ 上で上に凸の場合，$[a,b]$ 任意の二つの異なる点 x_1 と x_2 $(x_1<x_2)$ に対して，曲線 $y=f(x)$ $(x_1 \leq x \leq x_2)$ は 2 点 $(x_1, f(x_1))$ と $(x_2, f(x_2))$ を結ぶ線分よりも上に位置する。このような性質の他，極大値，極少値や x 軸，y 軸との交点を考慮することによって，より正確な関数のグラフを描くことが可能となる。

練習問題 114 次の曲線を描きなさい。

1) $y=x\log x$

2) $y=\dfrac{\log x}{x}$

3) $y=\dfrac{1}{x^2+1}$

4) $y=\dfrac{x}{x^2+1}$

練習問題 115

$$f(x)=xe^{-x^2}$$

とする。

1) f の極値を求めなさい。

2) 任意の二つの実数 x と y に対して不等式

$$\left|e^{-y^2}-e^{-x^2}\right| \leq \sqrt{2}e^{-\frac{1}{2}}\left|y-x\right|$$

となることを示しなさい。

練習問題 116

$$f(x) = x^x \quad (x > 0)$$

とする。

1) f の極値を求めなさい。

2) 曲線 $y = f(x)$ の概形を描きなさい。

練習問題 117 関数 f と g は，それぞれ

$$f(x) = \frac{x}{(1+x^2)^2}, \quad g(x) = \frac{1}{1+x^2}$$

で定義されるとする。

1) f の極小値と極大値を求めなさい。

2) 問題 **1)** で求めた f の極小値と極大値は，それぞれ最小値と最大値であることを示しなさい。

3) 任意の二つの実数 a と b に対して

$$|g(a) - g(b)| \leq \frac{3\sqrt{3}}{8}|a - b|$$

となることを示しなさい。

練習問題 118 関数 f と g は，それぞれ

$$f(x) = \frac{x}{\left(\sqrt{1+x^2}\right)^3}, \quad g(x) = \frac{1}{\sqrt{1+x^2}}$$

で定義されるとする。

1) f の極小値と極大値を求めなさい。

2) 問題 **1)** で求めた f の極小値と極大値は，それぞれ最小値と最大値であることを示しなさい。

3) 任意の二つの実数 a と b に対して

$$|g(a) - g(b)| \leq \frac{2\sqrt{3}}{9}|a - b|$$

となることを示しなさい。

6.4 L'Hospitalの定理

極限値が存在するかどうか判定しにくい場合，L'Hospital の定理は有効な判定方法となる。

定理 77 *(L'Hospitalの定理)* $f(x)$ と $g(x)$ は開区間 (a,b) 上で微分可能，

$$\lim_{x\to a+} f(x)=0, \quad lim_{x\to a+} g(x)=0$$

(a,b) 内のすべての x に対して $g'(x)\neq 0$ であり，極限値

$$\lim_{x\to a+}\frac{f'(x)}{g'(x)}$$

が存在し L であるとする。このときに極限値

$$\lim_{x\to a+}\frac{f(x)}{g(x)}$$

も存在し，L に等しい。

定理 77 の証明 関数 F と G を

$$F(x)=\begin{cases} f(x), & x\neq a \\ 0, & x=a, \end{cases} \qquad G(x)=\begin{cases} g(x), & x\neq a \\ 0, & x=a \end{cases}$$

で定義すると，F と G は a で連続である。特に，不等式 $a<x<b$ が成り立つような任意の x に対して F と G は閉区間 $[a,b]$ 上で連続であり，開区間 (a,b) 上で微分可能である。したがって Cauchy の平均値定理 (定理 72) より

$$\{F(x)-F(a)\}G'(c)=\{G(x)-G(a)\}F'(c)$$

となる c が (a,x) 内にある。$a<c<x$ よりこの不等式は

$$f(x)g'(c)=g(x)f'(c) \tag{6.2}$$

となる。一方，仮定より $g'(c)\neq 0$ である。また，$g(x)\neq 0$ である。なぜならば，もし $g(x)\neq 0$ ならば $G(a)=G(x)=0$ となり，Rolle の定理 (70) より $G'(d)=0$ となる d が少なくとも一つ (a,x) 内に存在することになる。しかし，これは $[a,b]$ に属する任意の x に対して $G'(x)=g(x)$ は 0 にはならないという仮定に矛盾する。そこで式 (6.2) の両辺を $g(x)$ と $g'(c)$ でわると

$$\frac{f(x)}{g(x)}=\frac{f'(c)}{g'(c)}$$

x が a に近づくとき，c も a に近づくので極限値

$$\lim_{x\to a+}\frac{f(x)}{g(x)}$$

が存在し，L に等しい。 **証明終わり**

練習問題 119 次の極限値を求めなさい。

1) $\displaystyle\lim_{x\to 0}\frac{x-\sin 2x}{x-\tan 3x}$

2) $\displaystyle\lim_{x\to 0+}\frac{\sqrt{x}}{1-e^{-\sqrt{x}}}$

練習問題 120 次の極限値を求めなさい。

1) $\displaystyle\lim_{x\to 0+}\frac{x}{\log(1+x)}$

2) $\displaystyle\lim_{x\to 0+}\frac{\sinh x}{\sqrt{x}}$

練習問題 121 次の極限値を求めなさい。

1) $\displaystyle\lim_{x\to 0+}\frac{x-\arctan x}{x^3}$

2) $\displaystyle\lim_{x\to 0+}\frac{1-e^{-x^2}}{\sin^2 x}$

3) $\displaystyle\lim_{x\to 0+}\frac{1-\sqrt{1+x}}{\arcsin x}$

4) $\displaystyle\lim_{x\to 0+}\frac{x-\sin x}{\arctan x^2}$

系 8 $f(x)$ と $g(x)$ は微分可能であり，

$$\lim_{x\to\infty} f(x)=0,\quad \lim_{x\to\infty} g(x)=0$$

とする。更に，十分大きいすべての x に対して $g'(x)\neq 0$ であり，極限値

$$\lim_{x\to\infty}\frac{f'(x)}{g'(x)}$$

が存在し，L に等しいとする。このとき極限値

$$\lim_{x\to\infty}\frac{f(x)}{g(x)}$$

も存在し，L に等しい。

練習問題 122 系 *8* を証明しなさい。

定理 78 $f(x)$ と $g(x)$ は開区間 (a,b) 上で微分可能であり，

$$\lim_{x\to a+} f(x)=\infty, \quad \lim_{x\to a+} g(x)=\infty$$

とする。更に，(a,b) 内のすべての x に対して $g'(x)\neq 0$ であり，極限値

$$\lim_{x\to a+}\frac{f'(x)}{g'(x)}$$

が存在し，L に等しいとする。このとき

$$\lim_{x\to a+}\frac{f(x)}{g(x)}$$

も存在し L に等しい。

定理 78 の証明 任意の正の実数 ϵ に対して

$$a<x<c \quad \text{ならば} \quad L-\epsilon<\frac{f'(x)}{f'(x)}<L+\epsilon \tag{6.3}$$

となる c が開区間 (a,b) 内に存在する。一方，Cauchy の平均値定理 (定理 72) より

$$\frac{f(x)-f(c)}{g(x)-g(c)}=\frac{f'(d)}{g'(d)}$$

となる d が開区間 (a,c) に存在する。

$$\frac{f(x)-f(c)}{g(c)-g(x)}\left[1-\frac{g(x)}{g(c)}\right]=\frac{f(x)}{g(x)}-\frac{f(c)}{g(x)}$$

となるので，不等式 (6.3) より次の不等式が成り立つ。

$$\left[1-\frac{g(c)}{g(x)}\right](L-\epsilon)+\frac{f(c)}{g(x)}<\frac{f(x)}{g(x)}<\left[1-\frac{g(c)}{g(x)}\right](L+\epsilon)+\frac{f(c)}{g(x)}$$

ここで，(a,z) に属するすべての x に対して

$$-\epsilon<-\frac{g(c)}{g(x)}(L-\epsilon), \quad -\frac{g(c)}{g(x)}(L+\epsilon)<\epsilon, \quad \left|\frac{f(c)}{g(x)}\right|<\epsilon$$

となる z が開区間 (a,c) に存在する。このとき

$$L-3\epsilon<\frac{f(x)}{g(x)}<L+3\epsilon$$

となる。任意の正の実数 ϵ に対して，$a<x<z$ ならば，この不等式が成立するような z が存在するので

$$\lim_{x\to a+}\frac{f(x)}{g(x)}=L$$

である。 証明終わり

系 9 $f(x)$ と $g(x)$ は開区間 (a,∞) 上で微分可能であり，

$$\lim_{x\to\infty} f(x) = \infty, \quad \lim_{x\to\infty} g(x) = \infty$$

とする。更に，十分大きいすべての x に対して $g'(x) \neq 0$ であり，極限値

$$\lim_{x\to\infty} \frac{f'(x)}{g'(x)}$$

が存在し L に等しいとする。このとき

$$\lim_{x\to\infty} \frac{f(x)}{g(x)}$$

も存在し L に等しい。

練習問題 123 系 9 を証明しなさい。

練習問題 124 次の極限値を求めなさい。

$$\lim_{x\to\infty} \frac{\log(1+e^x)}{x}$$

6.5　多項式近似と Taylor の定理

多項式は最も単純な関数の一つである。そこで多項式で他の関数を近似する方法について考えてみよう。正の整数 n に対して $f^{(n)}(0)$ が存在するとき，$n+1$ 個の条件

$$P(0) = f(0), \quad P'(0) = f'(0), \quad \ldots, \quad P^{(n)}(0) = f^{(n)}(0)$$

となる n 次多項式

$$P(x) = c_0 + c_1 x + c_2 x^2 + c_3 x^3 + \cdots + c_n x^n = \sum_{j=0}^{n} c_j x^j$$

を求めよう。$x=0$ を代入すると

$$c_0 = P(0) = f(0)$$

となる。また，

$$P'(x) = c_1 + 2c_2 x + 3c_3 x^2 + \cdots + nc_n x^{n-1} = \sum_{j=1}^{n} jc_j x^{j-1}$$

より

$$c_1 = P'(0) = f'(0)$$

となる。更に,

$$P''(x) = 2c_2 + 6c_3 x + \cdots + n(n-1)c_n x^{n-2} = \sum_{j=2}^{n} j(j-1)c_j x^{j-2}$$

より

$$c_2 = \frac{P''(0)}{2} = \frac{f''(0)}{2}$$

となる。一般に

$$P^{(k)}(x) = \sum_{j=k}^{n} j(j-1)\cdots(j-k+1)c_j x^{j-k}$$

$$c_k = \frac{f^{(k)}(0)}{k!}$$

となる。この結果を次の定理にまとめる。

定理 79 $f^{(n)}(0)$ が存在するとき,

$$P(0) = f(0), \quad P'(0) = f'(0), \quad \ldots, \quad P^{(n)}(0) = f^{(n)}(0)$$

となる唯一つの n 次多項式 $P(x)$ が存在する。この多項式は

$$P(x) = \sum_{k=0}^{n} \frac{f^{(k)}(0)}{k!} x^k$$

で与えられる。

一般に,$f^{(n)}(a)$ が存在するとき,

$$P(x) = \sum_{k=0}^{n} \frac{f^{(k)}(a)}{k!} (x-a)^k$$

で与えられ,条件

$$P(a) = f(a), \quad P'(a) = f'(a), \quad \ldots, \quad P^{(n)}(a) = f^{(n)}(a)$$

を満たす唯一つの n 次多項式 $P(x)$ が存在する。この多項式は,Taylor 多項式,あるいはより正確に,f によって点 a で生成される n 次の Taylor 多項式という。関数 f によって生成されるテイラー多項式は,$T_n f$ で表される。

例題 1 関数 $f(x) = \log(1+x)$ によって点 0 で生成されるテイラー多項式を求めなさい。

例題 1 の解答

$$f^{(k)}(x) = (-1)^{k-1}(k-1)! \quad (1+x)^{-k} \quad (k=1,2,3,\dots),$$

$$f^{(k)}(0) = (-1)^{k-1}(k-1)! \quad (k=1,2,3,\dots)$$

より

$$T_n f(x) = \sum_{k=0}^{n} \frac{f^{(k)}(0)}{k!} x^k = \sum_{k=0}^{n} \frac{(-1)^{k-1}(k-1)!}{k!} x^k = \sum_{k=0}^{n} \frac{(-1)^{k-1}}{k} x^k$$

となる。

練習問題 125 次の式で定義される関数 f によって点 0 で生成されるテイラー多項式を求めなさい。

1) $f(x) = e^x$

2) $f(x) = \log(1-x)$

3) $f(x) = \sin x$

4) $f(x) = \cos x$

Tayler 多項式による近似誤差について考察してみよう。$E_n(x) = f(x) - T_n f(x)$ とすると，

$$f(x) = \sum_{k=0}^{n} \frac{f^{(k)}(a)}{k!}(x-a)^k + E_n(x)$$

となる。

定理 80 *(Taylorの定理)*

$$E_n(x) = \frac{f^{(n+1)}(a+\theta(x-a))}{(n+1)!}(x-a)^{n+1}$$

となる θ が開区間 $(0,1)$ に存在する。

定理 80 の証明 定数 b を，x と a を定数として条件

$$f(x) = \sum_{k=0}^{n} \frac{f^{(k)}(a)}{k!}(x-a)^k + \frac{b}{(n+1)!}(x-a)^{n+1}$$

を満たすものとする。このとき

$$g(t) = f(x) - \sum_{k=0}^{n} \frac{f^{(k)}(t)}{k!}(x-t)^k - \frac{b}{(n+1)!}(x-t)^{n+1}$$

とすると，$g(a) = g(x) = 0$ となる。したがって Rolle の定理より，$g'(c) = 0$ となり，$a < c < x$ か又は $x < c < a$ を満たす，すなわち $c = a + \theta(x - a)$ となる c が存在する。一方，

$$g'(t) = -\frac{f^{(n+1)}(t)}{k!}(x-t)^n + \frac{b}{n!}(x-t)^n$$

であり，$g'(t) = 0$ より

$$b = f^{(n+1)}(c)$$

となる。 **証明終わり**

第7章　積分と積分法

7.1　定積分と積分可能性

閉区間 $[a,b]$ が与えられたときに，

$$a = x_0 \leq x_1 \leq \cdots \leq x_{n-1} \leq x_n = b \tag{7.1}$$

となる $n+1$ 個の点 $x_0, x_1, \cdots, x_{n-1}, x_n$ によって定められる，n 個の閉区間 $[x_{i-1}, x_i]$ $(i = 1, 2, \ldots n)$ を $[a,b]$ の分割といい，　P で表す。関数 f は $[a,b]$ 上で有界であるとする。すなわち，$[a,b]$ に属するすべての x に対して

$$m \leq f(x) \leq M \tag{7.2}$$

となる実数 m と M があるとする。f が $[a,b]$ 上で有界であるならば，各区間 $[x_{i-1}, x_i]$ 上で有界なので，f の下限 m_i と上限 M_i，すなわち

$$m_i = \inf\{f(x) \,|\, x_{i-1} \leq x \leq x_i\}, \quad M_i = \sup\{f(x) \,|\, x_{i-1} \leq x \leq x_i\} \tag{7.3}$$

が存在する。そこで

$$L(P, f) = \sum_{i=1}^{n} m_i (x_i - x_{i-1}), \quad U(P, f) = \sum_{i=1}^{n} M_i (x_i - x_{i-1}) \tag{7.4}$$

とすると，式 (7.2) より

$$m(b-a) \leq L(P, f) \leq U(P, f) \leq M(b-a) \tag{7.5}$$

となる。

ここで，$[a,b]$ のすべての分割 P に対する $L(P,f)$ の集合を S，$U(P,f)$ の集合を T とする。すなわち

$$S = \{L(P, f) \,|\, P \text{ は } [a,b] \text{ の分割}\}, \quad T = \{U(P, f) \,|\, P \text{ は } [a,b] \text{ の分割}\} \tag{7.6}$$

とする。このとき不等式 (7.5) により S と T はともに有界集合であり，それぞれ上限と下限をもつ。S の上限 $\sup S$ と T の下限 $\inf T$ が等しいとき，関数 f は $[a,b]$ で積分可能であるという。

定義 23 集合 S と T が式 *(7.6)* で定義されるとき，$\sup S = \inf T$ ならば関数 f は閉区間 $[a, b]$ で積分可能（*Riemann* 積分可能）であるという。このとき，この共通の値を $[a, b]$ における，あるいは $[a, b]$ での f の定積分，あるいは *Riemann* 積分，*Riemann-Stieltjes* 積分といい

$$\int_a^b f\,dx \quad \text{または} \quad \int_a^b f(x)\,dx$$

で表す。

定理 81 関数 f は閉区間 $[a, b]$ で積分可能であり，$[a, b]$ 内の任意の x に対して $f(x) \geq 0$ ならば

$$\int_a^b f(x)\,dx \geq 0$$

が成り立つ。

定理 81 の証明 $[a, b]$ の任意の分割 P に対して $L(P, f) \geq 0$ となるので，

$$\int_a^b f(x)\,dx = \sup S \geq 0$$

が成り立つ。　**証明終わり**

それでは閉区間 $[a, b]$ 上で有界な関数 f が，どのような条件下で積分可能なのか調べてみよう。

定義 24 P と P^* を $[a, b]$ の任意の二つの分割とする。P^* に属する任意の区間が P に属するある区間に含まれるとき，すなわち P を分割する点は必ず P^* を分割する点でもあるとき，P^* は P の細分であるという。

このとき次の定理が導かれる。

定理 82 P^* が P の細分であるならば不等式

$$L(P, f) \leq L(P^*, f) \tag{7.7}$$

$$U(P^*, f) \leq U(P, f) \tag{7.8}$$

定理 82 の証明 $[a, b]$ の分割が，式 (7.2) を満たす $n+1$ 個の点 $x_0, x_1, \cdots, x_{n-1}, x_n$ によって定められるとする。P^* は P の細分なので，P^* では P の i 番目の区間 $[x_{i-1}, x_i]$ は条件

$$x_{i-1} = y_{i,0} \leq y_{i,1} \leq \cdots \leq y_{i,n_i-1} \leq y_{i,n_i} = x_i$$

を満たす $n_i + 1$ 個の点 $y_{i,0}, y_{i,1}, \cdots, y_{i,n_i-1}, y_{i,n_i}$ により n_i 個の区間

$$[y_{i,0}, y_{i,1}], [y_{i,1}, y_{i,2}], \cdots, [y_{i,n_i-1}, y_{i,n_i}]$$

に分割されるとする。そこで

$$m_{i,j} = \inf\{f(x) \mid y_{i,j-1} \le x \le y_{i,j}\}, \quad M_{i,j} = \sup\{f(x) \mid y_{i,j-1} \le x \le y_{i,j}\}$$

とすると $[y_{i,j-1}, y_{i,j}]$ は $[x_{i-1}, x_i]$ の部分集合なので，式 (7.3) で定義される m_i と M_i に対して不等式

$$m_i \le m_{i,j}, \quad M_i \ge M_{i,j}$$

が成り立つ。このとき

$$\begin{aligned} L(P^*, f) &= \sum_{i=1}^{n}\sum_{j=1}^{n_i} m_{i,j}(y_{i,j} - y_{i,j-1}) \\ &\ge \sum_{i=1}^{n}\sum_{j=1}^{n_i} m_i(y_{i,j} - y_{i,j-1}) \\ &= \sum_{i=1}^{n} m_i(y_{i,n_i} - y_{i,0}) \\ &= \sum_{i=1}^{n} m_i(x_i - x_{i-1}) \\ &= L(P, f) \end{aligned}$$

となり，不等式 (7.7) が成り立つことが示された。不等式 (7.7) が成り立つことも同様に示される。 **証明終わり**

定理 83 集合 S と T が式 *(7.6)* で定義されるとき，不等式

$$\sup S \le \inf T \tag{7.9}$$

が成り立つ。

定理 83 の証明 P_1 と P_2 が，ともに $[a,b]$ の分割であるとすると，P_1 と P_2 の共通の細分 P^* が存在する。このとき定理 82 より

$$L(P_1, f) \le L(P^*, f) \le U(P^*, f) \le U(P_2, f)$$

となり，任意の二つの分割 P_1 と P_2 に対して不等式 $L(P_1, f) \le U(P_2, f)$ が成り立つ。そこで，S に属する任意の実数 s と T に属する任意の実数 t に対して不等式 $s \le t$ が成り立つ。したがって定理 11 により不等式 (7.9) が成り立つ。 **証明終わり**

定理 84 関数 f が閉区間 $[a,b]$ で積分可能であるための必要十分条件は，任意の正の実数 ϵ に対して

$$U(P, f) - L(P, f) < \epsilon \tag{7.10}$$

となる $[a,b]$ の分割 P が存在することである。

定理 84 の証明 $[a,b]$ の任意の分割 P に対して不等式

$$L(P,f) \leq \sup S \leq \inf T \leq U(P,f)$$

が成り立つ。特に不等式 (7.10) が成り立つならば

$$0 \leq \inf T - \sup S < \epsilon$$

となる。この不等式が任意の正の実数 ϵ に対して成り立つので $\sup S = \inf T$ である。

証明終わり

次に閉区間上で連続な関数は積分可能であることを証明する。そのため次の定理を先ず証明する。

定理 85 関数 f は閉区間 $[a,b]$ 上で連続であるとする。このとき任意の正の実数 $\epsilon > 0$ に対して

$$0 \leq M_i - m_i < \epsilon \quad (i = 1, 2, \ldots, n) \tag{7.11}$$

となる $[a,b]$ の分割 $[x_{i-1}, x_i]$ $(i = 1, 2, \ldots, n)$ が存在する。ただし m_i と M_i は式 *(7.3)* で定義されるものとする。

定理 85 の証明 $\epsilon = \epsilon_0$ のとき，不等式 (7.11) が成り立つような $[a,b]$ の分割は存在しないと仮定する。そこで $c = (a+b)/2$ とする。このとき閉区間 $[a,c]$ か $[c,b]$ のどちらかに対しては，$\epsilon = \epsilon_0$ のとき不等式 (7.11) が成り立つような分割は存在しない。そこで $[a_1, b_1]$ を，その不等式が成り立つような分割が存在しない区間とする。もし両方の区間に対して，$\epsilon = \epsilon_0$ のとき不等式 (7.11) が成り立つような分割は存在しない場合は，$[a_1, b_1] = [a, c]$ とする。この手順を続け n 回目のステップが完了した時点で $\epsilon = \epsilon_0$ のとき不等式 (7.11) が成り立つような分割は存在しない閉区間 $[a_n, b_n]$ が得られたとする。このとき $c = (a_n, b_n)/2$ とする。このとき閉区間 $[a_n, c]$ か $[c, b_n]$ のどちらかに対しては，$\epsilon = \epsilon_0$ のとき不等式 (7.11) が成り立つような分割は存在しない。このとき $[a_{n+1}, b_{n+1}]$ を，その不等式が成り立つような分割が存在しない区間とする。もし両方の区間に対して，$\epsilon = \epsilon_0$ のとき不等式 (7.11) が成り立つような分割は存在しない場合は $[a_{n+1}, b_{n+1}] = [a_n, c]$ とする。こうして得られる数列 $\{a, a_1, a_2, \ldots\}$ は上に有界な増加数列であり，任意の正の整数 n に対して $a_n \in [a,b]$ であるので，

$$\alpha = \lim_{n \to \infty} a_n$$

とすると $\alpha \in [a,b]$ である。

関数 f は α で連続なので

$$|x - \alpha| < \delta \ \ \text{ならば} \ \ |f(x) - f(\alpha)| < \frac{\epsilon_0}{2}$$

となる正の実数δが存在する。一方$(b-a)/2^n<\delta$のとき$[a_n,b_n]$は区間$(\alpha-\delta,\alpha+\delta)$の部分集合となる。このとき

$$m=\inf\{f(x)\,|\,x\in[a_n,b_n]\},\quad M=\sup\{f(x)\,|\,x\in[a_n,b_n]\}$$

とすると$m=f(x_0)$, $M=f(x_1)$となるx_0, x_1が存在する。このとき

$$f(x_1)-f(x_0)=\{f(x_1)-f(\alpha)\}+\{f(\alpha)-f(x_0)\}<\epsilon_0$$

となり，$[a_n,b_n]$には不等式(7.11)が成り立つような分割は存在しないことに矛盾する。したがって$\epsilon=\epsilon_0$のとき，不等式(7.11)が成り立つような$[a,b]$の分割は存在しないという仮定は成立しない。　**証明終わり**

定理 86 関数fが閉区間$[a,b]$で連続であるならば，$[a,b]$で積分可能である。

定理 86 の証明 定理85により任意の正の実数ϵに対して不等式

$$0\le M_i-m_i<\frac{\epsilon}{b-a}\quad(i=1,2,\dots,n)$$

が成り立つ閉区間$[a,b]$の分割$[x_{i-1},x_i]$ $(i=1,2,\dots,n)$が存在する。この分割をPとすると

$$U(P,f)-L(P,f)=\sum_{i=1}^{n}(M_i-m_i)(x_i-x_{i-1})<\frac{\epsilon}{b-a}\sum_{i=1}^{n}(x_i-x_{i-1})=\epsilon$$

となる。したがって定理84よりfは$[a,b]$で積分可能である。　**証明終わり**

積分に関しては次の定理が成り立つ。

定理 87 関数fとgは閉区間$[a,b]$で積分可能であるとする。

1) $f+g$も積分可能であり，

$$\int_a^b\{f(x)+g(x)\}\,dx=\int_a^b f(x)\,dx+\int_a^b g(x)\,dx$$

が成り立つ。

2) 任意の実数cに対してcfも積分可能であり，

$$\int_a^b cf(x)\,dx=c\int_a^b f(x)\,dx$$

が成り立つ。

3) $[a,b]$に属する任意のxに対して$f(x)\le g(x)$ならば

$$\int_a^b f(x)\,dx\le\int_a^b g(x)\,dx$$

が成り立つ。

4)　$a < c < b$ ならば f は閉区間 $[a,c]$ と $[c,b]$ で積分可能であり

$$\int_a^b f(x)\,dx = \int_a^c f(x)\,dx + \int_c^b f(x)\,dx$$

が成り立つ。

5)　$[a,b]$ に属する任意の x に対して $|f(x)| \leq M$ となる正の定数 M があるならば

$$\left|\int_a^b f(x)\,dx\right| \leq M(b-a)$$

が成り立つ。

練習問題 126
定理 *87* を証明しなさい。

任意の成の実数 ϵ が与えられたとき，ある区間に属する任意の 2 つの点 x と y に対して

$$|x-y| < \delta \quad \text{ならば} \quad |f(x) - f(y)| < \epsilon$$

となる成の実数 δ が存在するならば，f はその区間上で一様連続であるという。

系 10 関数 f は閉区間 $[a,b]$ 上で連続であるとする。このとき f は $[a,b]$ 上で一様連続である。

系 10 の証明 任意の正の実数 ϵ に対して定理 85 より，

$$0 \leq M_i - m_i < \frac{\epsilon}{2} \quad (i = 1, 2, \ldots, n)$$

が成り立つ $[a,b]$ の分割 $[x_{i-1}, x_i]$ $(i = 1, 2, \ldots, n)$ が存在する。ただし m_i と M_i は式 (7.3) で定義されるものとする。

$$\delta = min_{1 \leq i \leq n}\{x_i - x_{i-1}\}$$

とする。このとき $|x-y| < \delta$ とする。x と y が，ともに c に属するならば，

$$|f(x) - f(y)| \leq M_i - m_i < \frac{\epsilon}{2} < \epsilon$$

となる。x と y が異なる区間に属するならば，隣り合った区間に属する。そこで，$x \in [x_{i-1}, x_i]$, $y \in [x_i, x_{i+1}]$, とすると

$$|f(x) - f(y)| \leq |f(x) - f(x_i)| + |f(x_i) - f(y)| < \frac{\epsilon}{2} + \frac{\epsilon}{2} = \epsilon$$

となる。　**証明終わり**

定理 88 関数 f が閉区間 $[a,b]$ 上で積分可能であり，関数 g が閉区間 $[m,M]$ で連続であるならば，関数 $h=g\circ f$ は $[a,b]$ 上で積分可能である。

定理 88 の証明 g は $[n,M]$ で一様連続なので，任意の正の実数 ϵ に対して

$$|x-y|<\delta \qquad |g(x)-(y)|<\frac{\epsilon}{b-a+2N}=\epsilon'$$

が $[m,M]$ 内の任意点 x と y に対して成り立つ，正の実数 δ が存在する。ただし $N=\sup_{m\le x\le M}\{|g(x)|\}$ とする。このとき $\delta<\epsilon'$ が成り立つとすることができる。一方

$$U(P,f)-L(P,f)<\delta^2$$

が成り立つ $[a,b]$ の分割 $P:[x_{i-1},x_i]\ (i=1,2,\ldots,n)$ が存在する。

$$J=\{i\mid M_i-m_i<\delta\},\quad K=\{i\mid M_i-m_i\ge\delta\}$$

$$l_i=\inf\{h(x)\mid x_{i-1}\le x\le x_i\},\quad L_i=\sup\{h(x)\mid x_{i-1}\le x\le x_i\}$$

とする。$i\in J$ ならば $L_i-l_i<\epsilon'$ が成り立つ。一方

$$\delta\sum_{i\in K}x_i-x_{i-1}\le\sum_{i\in K}(M_i-m_i)(x_i-x_{i-1}\}\le U(P,f)-L(P,f)<\delta^2$$

より

$$\sum_{i\in K}(x_i-x_{i-1})<\delta$$

となる。したがって

$$\begin{aligned}
U(P,h)-L(P,h) &= \sum_{i=1}^{n}(L_i-l_i)(x_i-x_{i-1}\} \\
&= \sum_{i\in J}(L_i-l_i)(x_i-x_{i-1}\}+\sum_{i\in K}(L_i-l_i)(x_i-x_{i-1}\} \\
&< \epsilon'\sum_{i\in J}(x_i-x_{i-1})+2N\delta \\
&\le \epsilon'(b-a+2N) \\
&= \epsilon
\end{aligned}$$

となる。 **証明終わり**

定理 89 関数 f と g が閉区間 $[a,b]$ 上で積分可能ならば，関数 fg も $[a,b]$ 上で積分可能である。

定理 89 の証明 定理 87 より関数 $f+g$ と $f-g$ は $[a,b]$ 上で積分可能であり，定理 88 より $(f+g)^2$ も $(f-g)^2$ も積分可能であり。更に，定理 87 より

$$fg=\frac{1}{4}\left\{(f+g)^2-(f-g)^2\right\}$$

も積分可能である。 **証明終わり**

定理 90 関数 f が閉区間 $[a,b]$ 上で積分可能ならば，関数 $|f|$ も $[a,b]$ 上で積分可能であり，

$$\left|\int_a^b f(x)\,dx\right| \leq \int_a^b |f(x)|\,dx$$

が成り立つ。

定理 90 の証明 $g(x)=|x|$ で定義される関数 g は連続なので，定理 88 より $g\circ f=|f|$ も $[a,b]$ 上で積分可能である。$\int_a^b f(x)\,dx \geq 0$ ならば $c=1$, $\int_a^b f(x)\,dx<0$ ならば $c=-1$ とすると，$[a,b]$ 内の任意の x に対して $cf(x)\leq |f(x)|$ が成り立つので，

$$\left|\int_a^b f(x)\,dx\right| = c\int_a^b f(x)\,dx = c\int_a^b cf(x)\,dx \leq \int_a^b |f(x)|\,dx$$

となる。 **証明終わり**

練習問題 127 関数 f と g は閉区間 $[a,b]$ 上で積分可能であるとする。このとき式

$$\max\{f,g\}(x)=\max\{f(x),g(x)\}$$

と式

$$\min\{f,g\}(x)=\min\{f(x),g(x)\}$$

で定義される関数 $\max\{f,g\}$ と $\min\{f,g\}$ は $[a,b]$ 上で積分可能であることを示しなさい。

7.2 微分と積分の関係

前節では，関数 f の区間 $[a,b]$ での積分

$$\int_a^b f(x)\,dx$$

を定義した。この定義を拡張し，$a>b$ のとき

$$\int_b^a f(x)\,dx = -\int_a^b f(x)\,dx$$

と定義する。また

$$\int_a^a f(x)\,dx = 0$$

と定義する。

定理 91 関数 f は閉区間 $[a,b]$ で積分可能であるとする。関数 F を

$$F(x) = \int_a^x f(t)\,dt$$

で定義する。このとき関数 F は $[a,b]$ 上で連続である。更に，f が x で連続ならば F は x で微分可能であり，

$$F'(x) = f(x)$$

が成り立つ。

定理 91 の証明 F が $[a,b]$ に属する任意の x で連続であることを示すため，$a \le x \le b$ が成り立つとき，任意の正の実数 ϵ に対して，

$$|y-x| < \delta \quad \text{ならば} \quad |f(y) - f(x)| < \epsilon$$

となる正の実数 δ が存在することを示す。f は $[a,b]$ 上で有界なので，$a \le x \le b$ ならば $|f(x)| \le M$ となる正の整数 M がある。$a \le x < y \le b$ であるとき，定理 87 (3) と (4) より

$$|F(y) - F(x)| = \left| \int_a^y f(t)\,dt - \int_a^x f(t)\,dt \right| = \left| \int_x^y f(t)\,dt \right| \le M(y-x)$$

となる。$a \le x < y \le b$ のときも同様に

$$|F(y) - F(x)| \le M(x-y)$$

となるので，$x=y$ の場合も含めて $[a,b]$ に属する任意の二つの点 x と y に対して不等式

$$|F(y) - F(x)| \le M|y-x|$$

が成り立つ。そこで任意の正の実数 ϵ に対して $\delta = \epsilon/M$ とすると $|y-x| < \delta$ ならば

$$|F(y) - F(x)| \le M|y-x| < M\delta = \epsilon$$

次に f は x で連続であるとする。$h > 0$ ならば，定理 87 (3) より

$$\frac{F(x+h) - F(x)}{h} = \frac{1}{h}\left\{ \int_a^{x+h} f(t)\,dt - \int_a^x f(t)\,dt \right\} = \frac{1}{h}\int_x^{x+h} f(t)\,dt$$

となる。更に，

$$f(x) = \frac{1}{h}\int_x^{x+h} f(t)\,dt$$

より

$$\frac{F(x+h)-F(x)}{h}-f(x)=\frac{1}{h}\int_x^{x+h}\{f(t)-f(x)\}\,dt \tag{7.12}$$

となり，$h<0$ ならば，同様に

$$\frac{F(x+h)-F(x)}{h}=-\frac{1}{h}\left\{\int_a^x f(t)\,dt-\int_a^{x+h}f(t)\,dt\right\}=-\frac{1}{h}\int_{x+h}^x f(t)\,dt$$

$$f(x)=-\frac{1}{h}\int_{x+h}^x f(t)\,dt$$

より

$$\frac{F(x+h)-F(x)}{h}-f(x)=-\frac{1}{h}\int_{x+h}^x\{f(t)-f(x)\}\,dt \tag{7.13}$$

となる。f は x で連続なので，任意の正の実数 ϵ に対して

$$|y-x|<\delta \quad \text{ならば} \quad |f(y)-f(x)|<\frac{\epsilon}{2}$$

となる正の実数 δ が存在する。このとき $|h|<\delta$ ならば式 (7.12) と (7.13) 及び定理 87 (4) より

$$\left|\frac{F(x+h)-F(x)}{h}-f(x)\right|\le\frac{\epsilon}{2}<\epsilon$$

となる。　　　　**証明終わり**

定義 25 開区間 (a,b) に属する任意の x に対して $P'(x)=f(x)$ となるとき，関数 P は関数 f の (a,b) における原始関数と呼ぶ。

P が f の原始関数ならば，P に定数を加えたものも f の原始関数となる。一方二つの関数 P と Q が，ともに関数 f の原始関数ならば

$$P'(x)-Q'(x)=f(x)-f(x)=0$$

なので，$P(x)-Q(x)$ は定数である。

定理 92 関数 f は開区間 (a,b) で連続であり，P は f の (a,b) における原始関数であるとする。このとき (a,b) に属する任意の二つの点 c と x に対して

$$P(x)=P(c)+\int_c^x f(t)\,dt$$

となる。

定理 92 の証明 f は (a,b) 上の任意の点 x で連続なので，

$$F(x) = \int_c^x f(t)\,dt$$

とすると，定理 91 より $F'(x) = f(x)$ となる。したがって F は f の (a,b) における原始関数であり，

$$P(x) - F(x) = d$$

となる定数 d がある。そこで $x = c$ とおくと $F(c) = 0$ より $P(c) = d$ となる。**証明終わり**

定理 92 により，関数のある閉区間 $[a,b]$ での積分を求める問題は，その関数の，$[a,b]$ を含む開区間における原始関数を求める問題に帰着する。すなわち関数 f の閉区間 $[a,b]$ での定積分を求めるには，$[a,b]$ を含む開区間に属する任意の x に対して $P'(x) = f(x)$ となる関数 P を求めれば，

$$\int_a^b f(x)\,dx = [P(x)]_a^b = P(b) - P(a)$$

となる。

P が f の開区間 (a,b) における原始関数であるためには，(a,b) に属する任意の x に対して $P'(x) = f(x)$ となることである。f が (a,b) 上で連続ならば，式

$$P(x) = \int_c^x f(t)\,dt \tag{7.14}$$

で定義される関数 P は，一つの原始関数である。また，ある原始関数 P に，定数を加えたものも原始関数である。不特定の原始関数は次の記号で表される。

$$\int f(x)\,dx$$

この記号によると，$P'(x) = f(x)$ ならば

$$\int f(x)\,dx = P(x) + C \tag{7.15}$$

となる。二つの記号 $\int_a^b f(x)\,dx$ と $\int f(x)\,dx$ は似ているが，定義からは全く違う意味をもつ。しかし，これら二つの記号が表すものには，重要な関係があることを定理 91 と定理 92 が示している。式 (7.14) と (7.15) より

$$\int f(x)\,dx = \int_c^x f(t)\,dt + C \tag{7.16}$$

となる。この式は記号 $\int f(x)\,dx$ は不特定な積分と定数の和であることを示している。また定理 92 より

$$\int_a^b f(x)\,dx = [P(x) + C]_a^b$$

となるが，これは式 (7.15) より

$$\int_a^b f(x)\,dx = \left[\int f(x)\,dx\right]_a^b \tag{7.17}$$

となる。

記号 $\int f(x)\,dx$ は原始関数よりも，むしろ不定積分と呼ばれる場合が多い。これに対して，区別を明確にするため積分 $\int_a^b f(x)\,dx$ は定積分と呼ばれる。定理 92 より積分を求める問題は，原始関数を求める問題に帰着されるので，積分法とは原始関数を求める方法ということになる。したがって不定積分 $\int f(x)\,dx$ を求める問題は，最も一般的な f の原始関数を求める問題である。

例 1　**1)** $\displaystyle\int x^n\,dx = \frac{1}{n+1}x^{n+1} + C \quad (n \text{ は整数}, n \neq -1)$

2) $\displaystyle\int \frac{1}{x}\,dx = \log|x| + C \quad (x \neq 0)$

3) $\displaystyle\int x^r\,dx = \frac{1}{r+1}x^{r+1} + C \quad (r \text{ は実数}, r \neq -1,\ x > 0)$

4) $\displaystyle\int \sin x\,dx = -\cos x + C$

5) $\displaystyle\int \cos x\,dx = \sin x + C$

6) $\displaystyle\int \sec^2 x\,dx = \tan x + C$

7) $\displaystyle\int \tan x \sec x\,dx = \sec x + C$

8) $\displaystyle\int e^x\,dx = e^x + C$

9) $\displaystyle\int \sinh x\,dx = \cosh x + C$

10) $\displaystyle\int \cosh x\,dx = \sinh x + C$

11) $\displaystyle\int \frac{dx}{\sqrt{1-x^2}} = \arcsin x + C$

12) $\displaystyle\int \frac{dx}{1+x^2} = \arctan x + C$

練習問題 128 関数 f の原始関数 P を求めなさい。

1) $f(x) = 7x^4$

2) $f(x)=(x+1)(x-1)\left(x^2+1\right)$

3) $f(x)=\sqrt{3x}$

4) $f(x)=\dfrac{2x+1}{\sqrt{x}}$

5) $f(x)=\left(1-\sqrt{x}\right)^3$

練習問題 129 次の積分を求めなさい。

1) $\displaystyle\int_{-\frac{\pi}{2}}^{\frac{\pi}{2}} \cos x\,dx$

2) $\displaystyle\int_{-\frac{\pi}{3}}^{\frac{\pi}{4}} \sec^2 x\,dx$

3) $\displaystyle\int_{-1}^{1} \frac{1}{1+x^2}\,dx$

4) $\displaystyle\int_{1}^{e} \frac{1}{x}\,dx$

5) $\displaystyle\int_{-1}^{1} \sqrt{1-x^2}\,dx$

練習問題 130 質量 m *[kg]* の物体を地上から上空に向けて速度 v_0 *[m/s]* で発射する。物体に作用する力は重力 mg *[N]* だけとする。ただし g *[m/s^2]* は重力加速度とする。このとき物体が達する最高点を求めなさい。また発射してから何秒後に地上に落下するか，答えなさい。

練習問題 131 m と n が正の整数のとき次の積分を求めなさい。

1) $\displaystyle\int_{-\pi}^{\pi} \cos mx \cos nx\,dx$

2) $\displaystyle\int_{-\pi}^{\pi} \sin mx \sin nx\,dx$

3) $\displaystyle\int_{-\pi}^{\pi} \cos mx \sin nx\,dx$

定理 93 任意の正の実数 α と β に対して次の式が成り立つ。

$$\lim_{x\to\infty} \frac{(\log x)^{\beta}}{x^{\alpha}} = 0$$

系 11 任意の正の実数 α と β に対して次の式が成り立つ。

$$\lim_{x\to\infty}\frac{x^{\beta}}{(e^{x})^{\alpha}}=0$$

系 12 任意の正の実数 a に対して次の式が成り立つ。

$$\lim_{x\to 0+}x^{\alpha}\log x=0$$

練習問題 132 定理 *93*, 系 *11*, 系 *12* を証明しなさい。

練習問題 133

$$\lim_{x\to 0+}x^{x}=1$$

となることを示しなさい。

練習問題 134

$$\lim_{x\to\infty}x^{1/x}=1$$

となることを示しなさい。

練習問題 135 関数 f と g は閉区間 $[a,b]$ 上で連続であるとする。また,$[a,b]$ 内のすべての x に対して $g(x)\neq 0$ であるとする。このとき関数 F と G を，それぞれ式

$$F(x)=\int_a^x f(t)\,dt$$

と

$$G(x)=\int_a^x g(t)\,dt$$

で定義する。

1) $a<c<b$ であり，

$$f(x)\begin{cases}<0, & x<c\\ =0, & x=c\\ >0, & x>c\end{cases}$$

ならば，F は c で極小値をとることを示しなさい。

2) 極限値

$$\lim_{x \to a+} \frac{F(x)}{G(x)}$$

が存在し，

$$\frac{f(a)}{g(a)}$$

に等しいことを示しなさい。

練習問題 136 関数 f は閉区間 $[a, b]$ 上で連続であるとする。このとき関数 g を式

$$g(x) = \int_a^x f(t)\, dt$$

で定義する。

1) $[a, b]$ に属する任意の x に対して $f(x) > 0$ ならば，g は $[a, b]$ 上で狭義単調増加関数であることを示しなさい。

2)

$$g(b) = f(c)(b - a)$$

となる c が $[a, b]$ 内に存在することを示しなさい。

練習問題 137 関数 f は閉区間 $[a, b]$ 上で連続であるとする。このとき関数 h を式

$$h(x) = \int_x^b f(t)\, dt \quad (a \le x \le b)$$

で定義する。

1) h は閉区間 (a, b) に属する任意の x で微分可能であり，

$$h'(x) = -f(x)$$

あることを示しなさい。

2) 不等式 $a < c < b$ を満たす c に対して，

$$f(x) = \begin{cases} < 0, & x < c \\ = 0, & x = c \\ > 0, & x > c \end{cases}$$

ならば，h は c で極大値をとることを示しなさい。

練習問題 138 次の積分を求めなさい。

1) $\displaystyle\int_0^{\frac{\pi}{4}} \tan x \sec x \, dx$

2) $\displaystyle\int_0^{2\pi} \cos^2(x/2) \, dx$

3) $\displaystyle\int_{1/e}^{1} \frac{1}{x} \, dx$

練習問題 139 質量 m *[kg]* の物体を地上から上空に向けて速度 v_0 *[m/s]* で発射する。物体に作用する力は重力 mg *[N]* だけとする。ただし g *[m/s²]* は重力加速度とする。このとき物体が達する最高点は h *[m]* であるとする。

1) v_0 の値を g と h の式で表しなさい。

2) 物体が最高点に達するまでかかる時間を g と h の式で表しなさい。

練習問題 140 質量 m *[kg]* の物体を上空 x_0 *[m]* から落下する。物体に作用する力は重力 mg *[N]* だけとする。ただし g *[m/s²]* は重力加速度とする。このとき物体が何秒後に地上に落下するか，答えなさい。

練習問題 141 次の積分を求めなさい。

1) $\displaystyle\int_{-\frac{1}{2}}^{\frac{\sqrt{3}}{2}} \sqrt{1-x^2} \, dx$

2) $\displaystyle\int_0^{\pi} \sin^2 x \, dx$

3) $\displaystyle\int_1^{2} x^r \, dx$ *(r は任意の実数)*

7.3　置換積分

積分法の基本である置換積分法は，合成関数の微分法の積分法における一つの応用である。この置換積分法の手順を明解にする方法がある。差分商

$$\frac{f(x+h)-f(x)}{h}$$

を

$$\frac{\Delta y}{\Delta x}$$

で表し。この差分商の極限値，つまり $f'(x)$ を，dy/dx で表す。この表記法によると，

$$\frac{dy}{dx} = \lim_{\Delta x \to 0} \frac{\Delta y}{\Delta x}$$

となる。この極限値は，二つの量 dy と dx の商であると形式的に考えられ，dy と dx は微分，dy/dx は微分商とも呼ばれた。この表記法を，置換積分の手順を説明するために利用する。

合成関数の微分法により $P'(x) = f(x)$ であり $Q(x) = P(g(x))$ ならば

$$Q'(x) = f(g(x))\,g'(x) \tag{7.18}$$

この式は

$$\int f(x)\,dx = P(x) + C \tag{7.19}$$

ならば

$$\int f(g(x))\,g'(x)\,dx = P(g(x)) + C \tag{7.20}$$

となることを示している。例えば

$$f(x) = \frac{1}{1+x^2}$$

とすると，式 (7.19) は $P(x) = \arctan x$ のとき成り立つ。そこで式式 (7.20) は

$$\int \frac{1}{1+\{g(x)\}^2} g'(x)\,dx = \arctan(g(x)) + C$$

となる。特に $g(x) = x^2$ ならば，この式は

$$\int \frac{2x}{1+x^4}\,dx = \arctan\left(x^2\right) + C$$

となる。

不定積分を求める手順を明解にするため，導関数に関する前述の記号を利用してみよう。$u = g(x)$ とすると

$$\frac{du}{dx} = g'(x)$$

となるので，式 (7.20) は

$$\int f(u)\,\frac{du}{dx}\,dx = P(x) + C$$

となる。ここで

$$\frac{du}{dx}\,dx$$

を du で置き換えると

$$\int f(u)\;du = P(u) + C \tag{7.21}$$

となる。この式は，一見式 (7.19) の x を u で置き換えたものにすぎないが，実は式 (7.19) から，より一般的な不定積分の公式が導かれることを示している。式 (7.19) の x を u で置き換えると式 (7.21) が得られる。そこで u が x の関数 $(u = g(x))$ として，du を $g'(x)\;dx$ で置き換えることにより，式 (7.21) から式 (7.20) が導かれる。置換積分法では，この前述の手順を逆にする。つまり不定積分

$$\int f(g(x))\,g'(x)\;dx$$

を求めるため，

$$u = g(x),\quad du = g'(x)$$

を代入し

$$\int f(g(x))\,g'(x)\;dx = \int f(u)\;du = P(u) + C = P(g(x)) + C$$

とする。このとき dx や du は，形式的に用いられた記号にすぎない。しかし，上記のようにこれらの記号を用いて置換積分法が正しく適用される根拠は合成関数の微分法，すなわち式 (7.18) にある。

例題 2 次の不定積分を求めなさい。

$$\int x\cos x^2\,dx$$

例題 2 の解答 $f(x) = \cos x$, $g(x) = x^2$ とすると $\cos x^2 = f(g(x))$,

$$x\cos x^2 = \frac{1}{2}(2x)\cos x^2 = \frac{1}{2}f(g(x))\,g'(x)$$

となるので，$u = g(x) = x^2$, $du = g'(x)\;dx = 2x\,dx$ を代入すると

$$\int x\cos x^2\,dx = \frac{1}{2}\int \cos x^2\,(2x)\;dx = \frac{1}{2}\int \cos u\,du = \frac{1}{2}\sin u + C = \frac{1}{2}\sin x^2 + C$$

となる。

例題 3 次の不定積分を求めなさい。

$$\int \sin^3 x \cos x \, dx$$

例題 3 の解答 $u = \sin x$, $du = \cos x \, dx$ を代入すると

$$\int \sin^3 x \cos x \, dx = \int u^3 \, du = \frac{u^4}{4} + C = \frac{\sin^4(x)}{4} + C$$

となる。

例題 4 次の不定積分を求めなさい。

1) $\displaystyle\int x e^{x^2} \, dx$

2) $\displaystyle\int \tan x \, dx$

3) $\displaystyle\int \frac{1}{\sqrt{x+1}} \, dx$

4) $\displaystyle\int \frac{1}{1+e^{-x}} \, dx$

5) $\displaystyle\int \sqrt{1-x^2} \, dx$

例題 4 の解答

1) $u = x^2$ とすると $du = 2x \, dx$。

$$\int x e^{x^2} \, dx = \frac{1}{2} \int 2x e^{x^2} \, dx = \frac{1}{2} \int e^u \, du = \frac{1}{2} e^u + C = \frac{1}{2} e^{x^2} + C$$

2) $u = \cos x$ とすると $du = -\sin x \, dx$。

$$\int \tan x \, dx = \int \frac{\sin x}{\cos x} \, dx = -\int \frac{-\sin x}{\cos x} \, dx = -\int \frac{du}{u} = -\log|u| + C = -\log|\cos x| + C$$

3) $u = x + 1$ とすると $du = dx$。

$$\int \frac{1}{\sqrt{x+1}} \, dx = \int \frac{du}{\sqrt{u}} = 2\sqrt{u} + C = 2\sqrt{x+1} + C$$

4) $u = e^x + 1$ とすると $du = e^x \, dx$。

$$\int \frac{1}{1+e^{-x}} \, dx = \int \frac{e^x}{e^x+1} \, dx = \int \frac{du}{u} = \log|u| + C = \log|e^x+1| + C = \log(e^x+1) + C$$

5) $u = \arcsin x$ とすると $du = \frac{dx}{\sqrt{1-x^2}}$,

$$\int \sqrt{1-x^2}\,dx = \int \frac{(1-x^2)}{\sqrt{1-x^2}}\,dx = \int \cos^2 u\,du = \frac{1}{2}\int (1+\cos 2u)\,du$$

$$= \frac{1}{2}\left(u + \frac{1}{2}\sin 2u\right) + C = \frac{1}{2}(u + \cos u \sin u) + C = \frac{1}{2}\left(\arcsin x + x\sqrt{1-x^2}\right) + C$$

練習問題 142 次の不定積分を求めなさい。

1) $\int (ax+b)^n\,dx$ (nは定数)

2) $\int \frac{x}{\sqrt{x^2+1}}\,dx$

3) $\int x\sqrt{x+1}\,dx$

4) $\int \frac{\cos x - \sin x}{\cos x + \sin x}\,dx$

5) $\int \frac{\cos x}{(\sin x + 2)^2}\,dx$

練習問題 143 $\sqrt{x^2+a^2} = u - x$ とおき，不定積分 $\int \frac{1}{\sqrt{x^2+a^2}}\,dx$ を求めなさい。

置換積分法の結果を定積分に対して適用するための一つの方法は，先ず置換積分法により不定積分を求め，それから定理 92 により定積分を求めることである。

例題 5 次の積分を求めなさい。

$$\int_{-\frac{\pi}{6}}^{\frac{\pi}{3}} \sin^3 x \cos x\,dx$$

例題 5 の解答 例題 3 より

$$\int_{-\frac{\pi}{6}}^{\frac{\pi}{3}} \sin^3 x \cos x\,dx = \left[\frac{1}{4}\sin^4(x)\right]_{-\frac{\pi}{6}}^{\frac{\pi}{3}} = \frac{1}{4}\left\{\left(\frac{\sqrt{3}}{2}\right)^4 - \left(-\frac{1}{2}\right)^4\right\} = \frac{1}{4}\left(\frac{9}{16} - \frac{1}{16}\right) = \frac{1}{8}$$

となる。

定理 94 は，$u = g(x)$ と置くとき，x の式で表された積分に戻さずに u の式で表された積分に対して，次の例に示すように定理 92 を直接適用することもできることを示している。$u = \sin x$ とすると $du = \cos x\,dx$ であり，$x = -\pi/6$ のとき $u = -1/2$, $x = \pi/3$ のとき $u = \sqrt{3}/2$ となるので

$$\int_{-\frac{\pi}{6}}^{\frac{\pi}{3}} \sin^3 x \cos x\,dx = \int_{-\frac{1}{2}}^{\frac{\sqrt{3}}{2}} u^3\,du = \left[\frac{u^4}{4}\right]_{-\frac{1}{2}}^{\frac{\sqrt{3}}{2}} = \frac{1}{4}\left\{\left(\frac{\sqrt{3}}{2}\right)^4 - \left(-\frac{1}{2}\right)^4\right\} = \frac{1}{8}$$

となる。

定理 94 関数 g は開区間 (a,b) 上で連続な導関数 g' をもつとする。g が (a,b) 上でとる値の集合を S，関数 f は S 上で連続であるとする。このとき (a,b) に属する任意の二つの点 x と s に対して

$$\int_s^x f(g(t))\,g'(t)\,dt = \int_{g(s)}^{g(x)} f(u)\,du \tag{7.22}$$

となる。

定理 94 の証明

$$P(x) = \int_{g(s)}^{x} f(u)\,du \quad (x \in S), \quad Q(x) = \int_s^x f(g(t))\,g'(t)\,dt \quad (a < x < b)$$

とすると，

$$P'(x) = f(x), \quad Q'(x) = f(g(x))\,g'(x)$$

となる。$R(x) = P(g(x))$ とすると，

$$R'(x) = P'(g(x))\,g'(x) = f(g(x))\,g'(x) = Q'(x)$$

となる。定理 92 より

$$\int_{g(s)}^{g(x)} f(u)\,du = \int_{g(s)}^{g(x)} P'(u)\,du = P(g(x)) - P(g(s)) = R(x) - R(s)$$

$$\int_s^x f(g(t))\,g'(t)\,dt = \int_s^x Q'(t)\,dt = \int_s^x R'(t)\,dt = R(x) - R(s)$$

となるので，これら二つの積分は等しい。 **証明終わり**

定理 94 より $g(a) = c,\ g(b) = d$ ならば

$$\int_a^b f(g(x))\,g'(x)\,dx = \int_c^d f(u)\,du \tag{7.23}$$

となる。

例題 6 次の積分を求めなさい。

$$\int_1^3 (x+1)\sqrt{x^2+2x+5}\,dx$$

例題 6 の解答 $u = x^2 + 2x + 5$ とすると $du = 2(x+1)\,dx$ であり，$x = 1$ のとき $u = 8$, $x = 3$ のとき $u = 20$ であるので

$$
\begin{aligned}
\int_1^3 (x+1)\sqrt{x^2+2x+5}\,dx &= \frac{1}{2}\int_1^3 \sqrt{x^2+2x+5}\cdot 2(x+1)\,dx \\
&= \frac{1}{2}\int_8^{20} \sqrt{u}\,du \\
&= \frac{1}{2}\left[\frac{2}{3}u^{\frac{3}{2}}\right]_8^{20} \\
&= \frac{8}{3}\left(5\sqrt{5} - 2\sqrt{2}\right)
\end{aligned}
$$

例題 7 次の積分を求めなさい。

1) $\displaystyle\int_{\frac{\pi}{6}}^{\frac{\pi}{3}} \cot x\,dx$

2) $\displaystyle\int_{-\frac{1}{2}\log 3}^{0} \frac{e^x}{e^{2x}+1}\,dx$

3) $\displaystyle\int_{1-\frac{\sqrt{2}}{2}}^{1+\frac{\sqrt{3}}{2}} \frac{1}{\sqrt{2x-x^2}}\,dx$

例題 7 の解答

1) $u = \sin x$ とすると $du = \cos x\,dx$，$x = \pi/6$ のとき $u = 1/2$, $x = \pi/3$ のとき $u = \sqrt{3}/2$ となるので

$$
\int_{\frac{\pi}{6}}^{\frac{\pi}{3}} \cot x\,dx = \int_{\frac{\pi}{6}}^{\frac{\pi}{3}} \frac{\cos x}{\sin x}\,dx = \int_{\frac{1}{2}}^{\frac{\sqrt{3}}{2}} \frac{1}{u}\,du = [\log u]_{\frac{1}{2}}^{\frac{\sqrt{3}}{2}} = \log\frac{\sqrt{3}}{2} - \log\frac{1}{2} = \frac{1}{2}\log 3
$$

2) $u = e^x$ とすると $du = e^x\,dx$，$x = -\frac{1}{2}\log 3$ のとき $u = 1/\sqrt{3}$, $x = 0$ のとき $u = 1$ となるので

$$
\int_{-\frac{1}{2}\log 3}^{0} \frac{e^x}{e^{2x}+1}\,dx = \int_{-\frac{1}{2}\log 3}^{0} \frac{e^x}{(e^x)+1}\,dx = \int_{\frac{1}{\sqrt{3}}}^{1} \frac{1}{u^2+1}\,du = [\arctan u]_{\frac{1}{\sqrt{3}}}^{1}
$$
$$
= \arctan 1 - \arctan\frac{1}{\sqrt{3}} = \frac{\pi}{4} - \frac{\pi}{6} = \frac{\pi}{12}
$$

3) $u = x - 1$ とすると $du = dx$，$x = 1 - \frac{\sqrt{2}}{2}$ のとき $u = -\frac{\sqrt{2}}{2}$, $x = 1 + \frac{\sqrt{3}}{2}$ のとき $u = \frac{\sqrt{3}}{2}$ となるので

$$
\int_{1-\frac{\sqrt{2}}{2}}^{1+\frac{\sqrt{3}}{2}} \frac{1}{\sqrt{2x-x^2}}\,dx = \int_{1-\frac{\sqrt{2}}{2}}^{1+\frac{\sqrt{3}}{2}} \frac{1}{\sqrt{1-(x-1)^2}}\,dx = \int_{-\frac{\sqrt{2}}{2}}^{\frac{\sqrt{3}}{2}} \frac{1}{\sqrt{1-u^2}}\,du
$$
$$
= [\arcsin u]_{-\frac{\sqrt{2}}{2}}^{\frac{\sqrt{3}}{2}} = \arcsin\frac{\sqrt{3}}{2} - \arcsin\left(-\frac{\sqrt{2}}{2}\right) = \frac{\pi}{3} - \left(-\frac{\pi}{4}\right) = \frac{7\pi}{12}
$$

練習問題 144 次の積分を求めなさい。

1) $\displaystyle\int_0^1 (ax+b)^n\,dx \quad (n\text{ は定数})$

2) $\displaystyle\int_0^1 \frac{x}{\sqrt{x^2+1}}\,dx$

3) $\displaystyle\int_0^3 x\sqrt{x+1}\,dx$

4) $\displaystyle\int_0^{\pi/2} \frac{\cos x-\sin x}{\cos x+\sin x}\,dx$

5) $\displaystyle\int_{-\pi/2}^{\pi/2} \frac{\cos x}{(\sin x+2)^2}\,dx$

練習問題 145 積分 $\displaystyle\int_0^3 \frac{x}{\sqrt{x+1}}\,dx$ を求めなさい。

$u=g(x)$ とすると $du=g'(x)\,dx$ となり，式

$$\int f(g(x))\,g'(x)\,dx=\int f(u)\,du$$

が成り立つ。そこで x と u を交換すると，$x=g(u)$ とすると $dx=g'(u)\,du$ となり，式

$$\int f(x)\,dx=\int f(g(u))\,g'(u)\,du$$

が成り立つことになる。この式は，左辺の積分よりも右辺のほうが容易に求められる場合有効である。次に定積分についても同様の方法を考えてみよう。$u=g(x)$ とすると $du=g'(x)\,dx$ となり，$x=a$ のとき $u=c$, $a=b$ のとき $u=d$ ならば式 (7.23) が成り立つ。そこで x と u を交換すると，$x=g(u)$ とすると $dx=g'(u)\,du$ となり，$u=c$ のとき $x=a$, $u=d$ のとき $x=b$ ならば式

$$\int_c^d f(x)\,dx=\int_a^b f(g(u))\,g'(u)\,du$$

が成り立つ。

練習問題 146 次の不定積分を求めなさい。

1) $\displaystyle\int \frac{1}{e^x+e^{-x}}\,dx$

2) $\displaystyle\int \frac{1}{\sqrt{x^2-1}}\,dx$

3) $\displaystyle\int \frac{\log x}{x}\,dx$

練習問題 147 次の不定積分を求めなさい。

1) $\displaystyle\int_0^{\log 3/2} \frac{1}{e^x + e^{-x}}\,dx$

2) $\displaystyle\int_1^2 \frac{1}{\sqrt{x^2-1}}\,dx$

3) $\displaystyle\int_1^e \frac{\log x}{x}\,dx$

7.4　部分積分

微分法によると，$h(x) = f(x)\,g(x)$ のとき

$$h'(x) = f(x)\,g'(x) + f'(x)\,g(x)$$

となる。この式から

$$\int f(x)\,g'(x)\,dx + \int f'(x)\,g(x)\,dx = f(x)\,g(x) + C$$

となり，次の式が導かれる。

$$\int f(x)\,g'(x)\,dx = f(x)\,g(x) - \int f'(x)\,g(x)\,dx + C \tag{7.24}$$

この式は，部分積分法の式と呼ばれ，積分法の中の重要な一手法を示すものである。不定積分 $\int q(x)\,dx$ を求めるとき，$q(x) = f(x)\,g'(x)$ となる関数 $f(x)$ と $g(x)$ があれば，

$$\int q(x)\,dx = f(x)\,g(x) - \int f'(x)\,g(x)\,dx + C$$

となり，$\int q(x)\,dx$ を求める問題は不定積分 $\int f'(x)\,g(x)\,dx$ を求める問題になる。このとき後者が前者より容易に求められる場合，部分積分法は有効なものとなる。定積分に関しては，式 (7.24) から次の式が導かれる。

$$\int_a^b f(x)\,g'(x)\,dx = [f(x)\,g(x)]_a^b - \int_a^b f'(x)\,g(x)\,dx \tag{7.25}$$

式 (7.24) が示す部分積分法の手順を明解にするため $u = f(x)$, $v = g(x)$, $du = f'(x)\,dx$, $dv = g'(x)\,dx$ を代入すると，

$$\int u\,dv = uv - \int v\,du + C$$

となる。

例題 8 次の不定積分を求めなさい。

$$\int x\sin x\,dx$$

例題 8 の解答 $u=x,\ dv=\sin x\,dx$ とすると，$du=dx,\ v=-\cos x$ より

$$\begin{aligned}\int x\sin x\,dx &= \int u\,dv = uv-\int v\,du + C = -x\cos x + \int \cos x\,dx + C \\ &= -x\cos x + \sin x + C\end{aligned} \tag{7.26}$$

となる。例題 8 で

$$u=\sin x, \quad dv = x\,dx \tag{7.27}$$

と選んだとすると，$du=\cos x\,dx, \ = x^2/2$ より

$$\int x\sin x\,dx = \int u\,dv = uv-\int v\,du + C = \frac{1}{2}x^2\sin x - \frac{1}{2}\int x^2\cos x\,dx + C \tag{7.28}$$

となる。この式からは，不定積分

$$\int x^2\cos x\,dx$$

が求められない限り，もとの不定積分

$$\int x\sin x\,dx$$

は求められないので，この不定積分を求める問題に対しては，式 (7.27) による選択は適切なものではない。しかし式 (7.26) と (7.28) より

$$\int x^2\cos x\,dx = x^2\sin x + 2x\cos x - 2\sin x + C$$

であることがわかる。

例題 9 次の積分を求めなさい。

$$\int_0^{\pi} x\sin x\,dx$$

例題 9 の解答 $u=x,\ dv=\sin x\,dx$ とすると，$du=dx,\ v=\cos x$ より

$$\begin{aligned}\int_0^{\pi} x\sin x\,dx &= \int u\,dv = uv-\int v\,du = [-x\cos x]_0^{\pi} + \int_0^{\pi}\cos x\,dx \\ &= -\pi\cos\pi + [\sin x]_0^{\pi} = \pi + \sin\pi - \sin 0 = 0\end{aligned} \tag{7.29}$$

となる。

例題 10 次の不定積分を求めなさい。

$$\int x \log x \, dx$$

例題 10 の解答 $u = \log x$, $dv = x\,dx$ とすると，$du = 1/x\,dx$, $v = x^2/2$ より

$$\int x \log x \, dx = \int u\,dv = uv - \int v\,du + C = \frac{1}{2}x^2 \log x - \frac{1}{2}\int x\,dx + C$$
$$= \frac{1}{2}x^2 \log x - \frac{1}{4}x^2 + C$$

となる。

例題 11 次の不定積分を求めなさい。

$$\int \log x \, dx$$

例題 11 の解答 $u = \log x$, $dv = dx$ とすると $du = 1/x\,dx$, $v = x$ より

$$\int \log x \, dx = \int u\,dv = uv - \int v\,du = x \log x - \int x \cdot \frac{1}{x}\,dx = x \log x - x + C$$

となる。

例題 12 次の不定積分を求めなさい。

$$\int \arcsin x \, dx$$

例題 12 の解答 $u = \arcsin x$, $dv = dx$ とすると $du = 1/\sqrt{1-x^2}\,dx$, $v = x$ より

$$\int \arcsin x \, dx = \int u\,dv = uv - \int v\,du = x \arcsin x - \int x \cdot \frac{1}{\sqrt{1-x^2}}\,dx$$
$$= x \arcsin x + \sqrt{1-x^2} + C$$

となる。

例題 13 次の不定積分を求めなさい。

$$\int xe^x \, dx$$

例題 13 の解答 $u = x$, $dv = e^x\,dx$ とすると $du = dx$, $v = e^x$ より

$$\int xe^x \, dx = \int u\,dv = uv - \int v\,du = xe^x - \int e^x\,dx = xe^x - e^x + C$$

となる。

例題 14 次の不定積分を求めなさい。

$$\int e^{ax} \cos bx \, dx$$

ただし a と b は定数で $a^2 + b^2 \neq 0$ とする。

例題 14 の解答 $b \neq 0$ とする。このとき $u = e^{ax}$, $dv = \cos bx \, dx$ とすると $du = ae^{ax} \, dx$, $v = (1/b) \sin bx$ となり,

$$\int e^{ax} \cos bx \, dx = \int u \, dv = uv - \int v \, duc1be^{ax} \sin bx - \frac{a}{b} \int e^{ax} \sin bx \, dx \tag{7.30}$$

となる。この式の右辺第 2 項の不定積分を求めるため，ここで更に $u = e^{ax}$, $dv = \sin bx \, dx$ とすると $du = ae^{ax} \, dx$, $v = -(1/b) \cos bx$ となり,

$$\int e^{ax} \sin bx \, dx = \int u \, dv = uv - \int v \, du = -\frac{1}{b} e^{ax} \cos bx + \frac{a}{b} \int e^{ax} \cos bx \, dx \tag{7.31}$$

となる。式 (7.30) と (7.31) より

$$\int e^{ax} \cos bx \, dx = \frac{e^{ax}}{a^2 + b^2} (a \cos bx + b \sin bx) + C \tag{7.32}$$

となる。

$a \neq 0$ のとき，$u = \cos bx$, $dv = e^{ax} \, dx$ とすると $du = -b \sin bx \, dx$, $v = (1/a) \, e^{ax}$ となり,

$$\int e^{ax} \cos bx \, dx = \int u \, dv = uv - \int v \, du = \frac{1}{a} e^{ax} \cos bx + \frac{b}{a} \int e^{ax} \sin bx \, dx \tag{7.33}$$

となる。この式の右辺第 2 項の不定積分を求めるため，ここで更に $u = \sin bx$, $dv = e^{ax} \, dx$ とすると $du = b \cos bx \, dx$, $v = (1/a) \, e^{ax}$ となり,

$$\int e^{ax} \sin bx \, dx = \int u \, dv = uv - \int v \, du = \frac{1}{a} e^{ax} \sin bx - \frac{a}{b} \int e^{ax} \cos bx \, dx \tag{7.34}$$

となる。式 (7.33) と (7.34) からも式 (7.32) が導かれる。また，式 (7.30) と (7.31)，あるいは式 (7.33) と (7.34) からは次の式が導かれる。

$$\int e^{ax} \sin bx \, dx = \frac{e^{ax}}{a^2 + b^2} (-b \cos bx + a \sin bx) + C$$

練習問題 148 次の不定積分を求めなさい。

1) $\int x \cos x \, dx$

2) $\int x^2 \sin x \, dx$

3) $\displaystyle\int x^2 e^{-x}\,dx$

4) $\displaystyle\int \arctan x\,dx$

5) $\displaystyle\int (\log x)^2\,dx$

6) $\displaystyle\int x \arcsin x\,dx$

7) $\displaystyle\int x^\alpha \log x\,dx$ (α は任意の実数)

8) $\displaystyle\int x(\log x)^2\,dx$

例題 15 次の不定積分を求めなさい。

$$\int \sqrt{x^2+a^2}\,dx \tag{7.35}$$

例題 15 の解答 $u=\sqrt{x^2+a^2}$, $dv=dx$ とおくと $du=\dfrac{x}{\sqrt{x^2+a^2}}\,dx$, $v=x$,

$$\begin{aligned}
\int \sqrt{x^2+a^2}\,dx &= \int u\,dv = uv-\int v\,du \\
&= x\sqrt{x^2+a^2}-\int \frac{x^2}{\sqrt{x^2+a^2}}\,dx \\
&= x\sqrt{x^2+a^2}-\int \frac{x^2+a^2-a^2}{\sqrt{x^2+a^2}}\,dx \\
&= x\sqrt{x^2+a^2}-\int \sqrt{x^2+a^2}\,dx+a^2\int \frac{1}{\sqrt{x^2+a^2}}\,dx
\end{aligned}$$

より,

$$\begin{aligned}
\int \sqrt{x^2+a^2}\,dx &= \frac{1}{2}\left(x\sqrt{x^2+a^2}+a^2\int \frac{1}{\sqrt{x^2+a^2}}\,dx\right) \\
&= \frac{1}{2}\left(x\sqrt{x^2+a^2}+a^2\log\left|x+\sqrt{x^2+a^2}\right|\right)+C
\end{aligned}$$

となる。一方 $\sqrt{x^2+a^2}=u-x$ とおくと

$$x=\frac{u^2-a^2}{2u},\quad \sqrt{x^2+a^2}=u-x=u-\frac{u^2-a^2}{2u}=\frac{u^2+a^2}{2u},\quad dx=\frac{u^2+a^2}{2u^2}\,du \tag{7.36}$$

となる。不定積分 (7.35) は，この式 (7.36) を利用した置換積分により，次のように直接求めることもできる。

$$\begin{aligned}
\int \sqrt{x^2+a^2}\,dx &= \int \frac{\left(u^2+a^2\right)^2}{4u^3}\,du \\
&= \frac{1}{4}\int \frac{u^4+2a^2u^2+a^4}{u^3}\,du \\
&= \frac{1}{4}\int \left(u+\frac{2a^2}{u}+\frac{a^4}{u^3}\right) du \\
&= \frac{1}{4}\left(\frac{1}{2}u^2+2a^2\log|u|-\frac{1}{2}\frac{a^4}{u^2}\right) \\
&= \frac{1}{2}\left(a^2\log|u|+\frac{\left(u^2+a^2\right)\left(u^2-a^2\right)}{4u^2}\right) \\
&= \frac{1}{2}\left(x\sqrt{x^2+a^2}+a^2\log\left|x+\sqrt{x^2+a^2}\right|\right)+C
\end{aligned}$$

練習問題 149 次の積分を求めなさい。

1) $\displaystyle\int_1^e \frac{\log x}{x^2}\,dx$

2) $\displaystyle\int_0^1 x\arctan x\,dx$

3) $\displaystyle\int_0^{\frac{1}{2}} \arcsin x\,dx$

4) $\displaystyle\int_1^3 \frac{\log x}{x^3}\,dx$

7.5 部分分数

代数学の基本定理は，n 次多項式は n 個の根 $\rho_1, \rho_2, \ldots, \rho_n$ をもつとするものである。このとき n 次多項式は，定数と n 個の 1 次式の積 $c(x-\rho_1)(x-\rho_2)\cdots(x-\rho_n)$ となる。この n 次多項式の係数がすべて実数であり，n 個の根の中に複素数のもの $\rho=\alpha+i\beta$ $(\beta\neq 0)$ があるとき，その複素共役 $\bar{\rho}=\alpha-i\beta$ も根となる。このとき

$$(x-\rho)(x-\bar{\rho}) = x^2-2\alpha x+\alpha^2+\beta^2$$

と $n-2$ 次多項式の積となる。この 2 次式のように，係数に対して不等式 $b^2-4c<0$ が成り立つ 2 次式 x^2+bx+c を 2 次の既約多項式という。2 次の既約多項式は，実数を係数

とする1次式の積にはならない。前述のように，係数がすべて実数である多項式は1次式と2次の既約多項式の積に分解される。p と q が多項式のとき，式

$$f(x)=\frac{p(x)}{q(x)}$$

で定義される関数 f を有理関数というが，この多項式の性質を利用して有理関数の不定積分

$$\int \frac{p(x)}{q(x)}\,dx \tag{7.37}$$

を求める方法を導いてみよう。

もし p の次数が q の次数以上ならば h の次数が q の次数よりも小さくて

$$\frac{p(x)}{q(x)}=g(x)+\frac{h(x)}{q(x)}$$

となる多項式 g と h がある。多項式の不定積分は容易に求められるので，p の次数は q の次数より小さいものとする。このとき $\dfrac{p(x)}{q(x)}$ を，次の二つの有理式の和として表すことができる。

$$\frac{b}{(x-a)^m} \tag{7.38}$$

$$\frac{rx+s}{(x^2+bx+c)^n}\quad \left(b^2-4c<0\right) \tag{7.39}$$

ただし，a, b, c, r, s は定数，m と n は1以上の整数とする。このような有理式を部分分数という。したがって不定積分 (7.37) は部分分数の不定積分

$$\int \frac{b}{(x-a)^m}\,dx \tag{7.40}$$

$$\int \frac{rx+s}{(x^2+bx+c)^n}\,dx\quad \left(b^2-4c<0\right) \tag{7.41}$$

の和として求められる。

不定積分 (7.40) は

$$\int \frac{b}{(x-a)^m}\,dx=\begin{cases}\dfrac{b}{-m+1}\cdot\dfrac{1}{(x-a)^{m-1}}+C, & m\neq 1\\ \log|x-a|+C & m=1\end{cases} \tag{7.42}$$

となる。一方，不定積分 (7.41) は，

$$\alpha=\frac{b}{2},\quad \beta=\frac{\sqrt{4c-b^2}}{2}$$

とすると

$$
\begin{aligned}
\int \frac{rx+s}{(x^2+bx+c)^n}\,dx &= \int \frac{rx+s}{\left\{(x-\alpha)^2+\beta^2\right\}^n}\,dx \\
&= \frac{r}{2}\int \frac{2(x-\alpha)}{\left\{(x-\alpha)^2+\beta^2\right\}^n}\,dx + (\alpha r+s)\int \frac{1}{\left\{(x-\alpha)^2+\beta^2\right\}^n}\,dx
\end{aligned}
\tag{7.43}
$$

と表すことができる。この式の右辺第 1 項の積分に関しては，$u=(x-\alpha)^2+\beta^2$ とおくと $du=2(x-\alpha)\,dx$ となり

$$
\begin{aligned}
\int \frac{2(x-\alpha)}{\left\{(x-\alpha)^2+\beta^2\right\}^n}\,dx &= \int \frac{1}{u^n}\,du = \begin{cases} \log|u|+C, & n=1 \\ \dfrac{1}{n+1}u^{n+1}+C, & n>1 \end{cases} \\
&= \begin{cases} \log\left\{(x-\alpha)^2+\beta^2\right\}+C, & n=1 \\ \dfrac{1}{n+1}\left\{(x-\alpha)^2+\beta^2\right\}^{n+1}+C, & n>1 \end{cases}
\end{aligned}
\tag{7.44}
$$

となる。また第 2 項の積分に関しては，$u=(x-\alpha)/\beta$ とおくと，$du=(1/\beta)\,dx$ より

$$
\int \frac{1}{\left\{(x-\alpha)^2+\beta^2\right\}^n}\,dx = \frac{1}{\beta^{2n-1}}\int \frac{1}{(u^2+1)^n}\,du
$$

この右辺の積分に関しては，次の定理が成立する。

定理 95 正の整数 n に対して

$$
I_n = \int \frac{1}{(x^2+1)^n}\,dx
$$

とする。このとき

$$
I_1 = \arctan x + C \tag{7.45}
$$

$$
I_n = \frac{1}{2(n-1)}\left\{\frac{x}{(x^2+1)^{n-1}} + (2n-3)\,I_{n-1}\right\} \quad (n>1) \tag{7.46}
$$

となる。

定理 95 の証明 式 (7.45) が成り立つことは，既に示されている。$n>1$ のとき，

$$
u = \frac{1}{(x^2+1)^{n-1}}, \qquad dv = dx
$$

とおくと，

$$
du = \frac{-2(n-1)\,x}{(x^2+1)^n}\,dx, \quad v = x
$$

より

$$\begin{aligned} I_{n-1} &= \int \frac{1}{(x^2+1)^{n-1}}\,dx = \int u\,dv = uv - \int v\,du \\ &= \frac{x}{(x^2+1)^{n-1}} + 2\,(n-1)\int \frac{x^2}{(x^2+1)^n}\,dx \\ &= \frac{x}{(x^2+1)^{n-1}} + 2\,(n-1)\left\{\int \frac{1}{(x^2+1)^{n-1}}\,dx - \int \frac{1}{(x^2+1)^n}\,dx\right\} \\ &= \frac{x}{(x^2+1)^{n-1}} + 2\,(n-1)\,I_{n-1} - 2\,(n-1)\,I_n \end{aligned} \tag{7.47}$$

となり，式 (7.46) は，式 (7.47) より導かれる。　**証明終わり**

式 (7.42), (7.43), (7.44) と定理 95 は，有理関数が部分分数の和として表されるとき，その不定積分は多項式，有理関数，arctangent, 対数関数の和として表すことができることを示している。そこで，有理関数の不定積分を求めるとき，その部分分数を求めることが重要となる。以下その点を考慮し，いくつかの場合に分けて，有理関数の不定積分を求める方法について考察する。

分母が互いに異なる1次式の積である場合について考察してみよう。n 個の定数 $a_1, a_2, \ldots, a_n$ が互いに異なり

$$q\,(x) = (x-a_1)\,(x-a_2)\cdots(x-a_n)$$

であるとする。このとき任意の n 個の定数 $b_1, b_2, \ldots, b_n$ に対して

$$\frac{b_1}{x-a_1} + \frac{b_2}{x-a_2} + \cdots + \frac{b_n}{x-a_n}$$

を

$$\frac{p\,(x)}{q\,(x)}$$

と変形すると p の次数は q の次数よりも小さい。したがって p の次数よりも小さい次数をもつ q に対して

$$\frac{p\,(x)}{q\,(x)} = \frac{b_1}{x-a_1} + \frac{b_2}{x-a_2} + \cdots + \frac{b_n}{x-a_n}$$

となる定数 $b_1, b_2, \ldots, b_n$ を求めれば

$$\begin{aligned} \int \frac{p\,(x)}{q\,(x)}\,dx &= b_1 \log|x-a_1| + b_2 \log|x-a_2| + \cdots + b_n \log|x-a_n| + C \\ &= \sum_{i=1}^{n} b_i \log|x-a_i| + C \end{aligned}$$

となる。

例題 16 次の不定積分を求めなさい。

$$\int \frac{x^2+1}{x^3-x}\,dx$$

例題 16 の解答 $x^3-x=x\left(x^2-1\right)=x\left(x+1\right)\left(x-1\right)$ となるので

$$\frac{x^2+1}{x^3-x}=\frac{a}{x}+\frac{b}{x+1}+\frac{c}{x-1}$$

とおくと

$$\frac{a}{x}+\frac{b}{x+1}+\frac{c}{x-1}=\frac{a\left(x+1\right)\left(x-1\right)+bx\left(x-1\right)+cx\left(x+1\right)}{x\left(x+1\right)\left(x-1\right)}$$

より，式

$$x^2+1=a\left(x+1\right)\left(x-1\right)+bx\left(x-1\right)+cx\left(x+1\right)$$

が成り立つ。この式は $x=0$ とおくと $1=-a$, $x=-1$ とおくと $2=2b$, $x=1$ とおくと $2=2c$ となるので，$a=-1$, $b=1$, $c=1$ となる。したがって

$$\begin{aligned}\int \frac{x^2+1}{x^3-x}\,dx &= \int \left(\frac{-1}{x}+\frac{1}{x+1}+\frac{1}{x-1}\right)dx \\ &= -\int \frac{1}{x}\,dx+\int \frac{1}{x+1}\,dx+\int \frac{1}{x-1}\,dx \\ &= -\log|x|+\log|x+1|+\log|x-1|+C\end{aligned}$$

となる。

練習問題 150 次の不定積分を求めなさい。

1) $\displaystyle\int \frac{1}{x^2-a^2}\,dx \quad (a>0)$

2) $\displaystyle\int \frac{1}{x^3-3x^2+2x}\,dx$

1 次式に重複がある場合について考察してみよう。分母に重複する 1 次式 $(x-a)^m$ $(m>1)$ が現れる場合，部分分数の和に

$$\frac{b_1}{x-a}+\frac{b_2}{\left(x-a\right)^2}+\cdots+\frac{b_n}{\left(x-a\right)^n}$$

を加え，定数 $b_1, b_2, \ldots, b_n$ を求め，式 (7.44) によって不定積分を求める。

例題 17 次の不定積分を求めなさい。

$$\int \frac{x^2+1}{x^3-2x^2+x}\,dx$$

例題 17 の解答 $x^3-2x^2+x=x\left(x^2-2x+1\right)=x\,(x-1)^2$ となるので

$$\frac{x^2+1}{x^3-2x^2+x}=\frac{a}{x}+\frac{b}{x-1}+\frac{c}{(x-1)^2}$$

とおくと

$$\frac{a}{x}+\frac{b}{x-1}+\frac{c}{(x-1)^2}=\frac{a\,(x-1)^2+bx\,(x-1)+cx}{x\,(x-1)^2}$$

より，式

$$x^2+1=a\,(x-1)^2+bx\,(x-1)+cx \tag{7.48}$$

が成り立つ。この式は $x=0$ とおくと $1=a$, $x=1$ とおくと $2=c$ となるので，$a=1$, $c=2$ となる。もう一つの係数 b の値を求めるとき，他の係数が消去されるような適当な x の値はないので，$x=0$ と $x=1$ 以外のある x の値を代入する。例えば $x=-1$ とおくと，式 (7.48) は $2=4a+2b-c$ となり，この式から $b=(2-4a+c)/2=(2-4+2)/2=0$ となる。b の値をもとめる一つの方法として，式 (7.48) の両辺を微分する方法が考えられる。式 (7.48) の両辺を微分すると

$$2x=2a\,(x-1)+b\,(x-1)+bx+c$$

となる。ここで $x=0$ とおくと，この式は $0=-2a-b+c$ となり，これより $b=-2a+c=0$ が導かれる。前述の手順で求められた係数の値 $a=1$, $b=0$, $c=2$ より

$$\begin{aligned}\int\frac{x^2+1}{x^3-2x^2+x}\,dx &= \int\left(\frac{1}{x}+\frac{2}{(x-1)^2}\right)dx\\ &= \int\frac{1}{x}\,dx+2\int\frac{1}{(x-1)^2}\,dx\\ &= \log|x|-\frac{2}{x-1}+C\end{aligned}$$

となる。

練習問題 151 次の不定積分を求めなさい。

1) $\displaystyle\int\frac{x^2+1}{x^3-x^2}\,dx$

2) $\displaystyle\int\frac{x^3+x^2+1}{x^4-x^3}\,dx$

練習問題 152 次の不定積分を求めなさい。$\displaystyle\int\frac{x-1}{x^2\,(x^2+1)}\,dx$

分母が互いに異なる 2 次の既約多項式を含む場合について考察してみよう。分母 $q(x)$ が互いに異なる次の既約多項式を含む場合，不定積分 (7.37) は，部分分数に式 (7.42) と (7.45) を適用することによって求められる。

例題 18 次の不定積分を求めなさい。

$$\int \frac{x^2+x+1}{x^3+2x}\,dx$$

例題 18 の解答 $x^3+2x = x\left(x^2+2\right)$ となるので

$$\frac{x^2+x+1}{x^3+2x} = \frac{a}{x} + \frac{bx+c}{x^2+2}$$

とおくと

$$\frac{a}{x} + \frac{bx+c}{x^2+2} = \frac{a\left(x^2+2\right)+x\left(bx+c\right)}{x\left(x^2+2\right)} = \frac{a\left(x^2+2\right)+x\left(bx+c\right)}{x\left(x^2+2\right)}$$

より，式

$$x^2+x+1 = (a+b)\,x^2+cx+2a \tag{7.49}$$

が成り立つ。x^2 と x の係数と定数項を比較することにより $a+b=1$, $c=1$, $2a=1$ となる。したがって $a=1/2$, $b=1/2$, $c=1$ となり，

$$\begin{aligned}\int \frac{x^2+x+1}{x^3+2x}\,dx &= \int \left(\frac{1}{2}\cdot\frac{1}{x} + \frac{\frac{1}{2}x+1}{x^2+2}\right)dx \\ &= \frac{1}{2}\int \frac{1}{x}\,dx + \frac{1}{4}\int \frac{2x}{x^2+2}\,dx + \int \frac{1}{x^2+2}\,dx \\ &= \frac{1}{2}\log|x| + \frac{1}{4}\log\left(x^2+2\right) + \frac{1}{\sqrt{2}}\arctan\left(\frac{x}{\sqrt{2}}\right) + C\end{aligned}$$

となる。

練習問題 153 不定積分

$$\int \frac{x^2+x+1}{x^3+x}\,dx$$

を求めなさい。

練習問題 154 次の不定積分を求めなさい。

1) $\displaystyle\int \frac{x^2+1}{x^3-1}\,dx$

2) $\displaystyle\int \frac{x^3+x^2+1}{x^4-1}\,dx$

練習問題 155

1) $x^4+1=\left\{\left(x-\frac{1}{\sqrt{2}}\right)^2+\frac{1}{2}\right\}\left\{\left(x+\frac{1}{\sqrt{2}}\right)^2+\frac{1}{2}\right\}$ となることを示しなさい。

2) 不定積分 $\displaystyle\int \frac{1}{x^4-1}\,dx$ を求めなさい。

2 次の既約多項式に重複がある場合について考察してみよう。分母 $q(x)$ が互いに異なる実数の根をもたない 2 次式を含みその中のいくつかに重複がある場合，すなわち $\left(x^2+bx+c\right)^n$ $\left(n>1, b^2-4c<0\right)$ を含む場合，部分分数の和の中に式

$$\frac{b_1x+c_1}{x^2+bx+c}+\frac{b_2x+c_2}{\left(x^2+bx+c\right)^2}+\cdots+\frac{b_nx+c_n}{\left(x^2+bx+c\right)^n}$$

が現れるとして，係数 b_i, c_i $(i=1,2,\ldots,n)$ の値を求める。不定積分 (7.37) は，部分分数に式 (7.42), (7.45), (7.46) を適用することによって求められる。

例題 19 次の不定積分を求めなさい。

$$\int \frac{x^3+x^2+x+1}{x^5+4x^3+4x}\,dx$$

例題 19 の解答 $x^5+4x^3+4x=x\left(x^4+4x^2+4\right)=x\left(x^2+2\right)^2$ となるので

$$\frac{x^3+x^2+x+1}{x^5+4x^3+4x}=\frac{a}{x}+\frac{b_1x+c_1}{x^2+2}+\frac{b_2x+c_2}{\left(x^2+2\right)^2}$$

とおくと

$$\frac{a}{x}+\frac{b_1x+c_1}{x^2+2}+\frac{b_2x+c_2}{\left(x^2+2\right)^2}=\frac{\left(a+b_1\right)x^4+c_1x^3+\left(4a+2b_1+b_2\right)x^2+\left(2c_1+c_2\right)x+4a}{x\left(x^2+2\right)^2}$$

より，式

$$x^3+x^2+x+1=\left(a+b_1\right)x^4+c_1x^3+\left(4a+2b_1+b_2\right)x^2+\left(2c_1+c_2\right)x+4a \qquad (7.50)$$

が成り立つ。両辺各項の係数を比較することにより $a+b_1=0$, $c_1=1$, $4a+2b_1+b_2=1$, $2c_1+c_2=1$, $4a=1$ となる。したがって $a=1/4$, $b_1=-1/4$, $c_1=1$, $b_2=1/2$, $c_2=-1$

となり，

$$\begin{aligned}
&\int \frac{x^3+x^2+x+1}{x^5+4x^3+4x}\,dx \\
=&\int\left(\frac{1}{4}\cdot\frac{1}{x}+\frac{-\frac{1}{4}x+1}{x^2+2}+\frac{\frac{1}{2}x-1}{\left(x^2+2\right)^2}\right)dx \\
=&\frac{1}{4}\int\frac{1}{x}\,dx-\frac{1}{8}\int\frac{2x}{x^2+2}\,dx+\int\frac{1}{x^2+2}\,dx+\frac{1}{4}\int\frac{2x}{\left(x^2+2\right)^2}\,dx-\int\frac{1}{\left(x^2+2\right)^2}\,dx \\
=&\frac{1}{4}\log|x|+\frac{1}{8}\log\left(x^2+2\right)+\frac{1}{\sqrt{2}}\arctan\left(\frac{x}{\sqrt{2}}\right)-\frac{1}{4}\cdot\frac{1}{x^2+2}-\frac{1}{6}\left(\frac{x}{x^2+2}+\int\frac{1}{x^2+2}\,dx\right) \\
=&\frac{1}{4}\log|x|+\frac{1}{8}\log\left(x^2+2\right)+\frac{5}{6\sqrt{2}}\arctan\left(\frac{x}{\sqrt{2}}\right)-\frac{1}{12}\cdot\frac{2x+3}{x^2+2}+C
\end{aligned}$$

となる。

練習問題 156 次の不定積分を求めなさい。

1) $\displaystyle\int\frac{x^4+x}{(x-1)\left(x^2+1\right)^2}\,dx$

2) $\displaystyle\int\frac{x^5+1}{x^2\left(x^2+4\right)^2}\,dx$

有理関数の不定積分の求め方について考察してみよう。2 変数の関数

$$P(x,y)=\sum_{k=1}^{m}\sum_{l=1}^{n}c_{k,l}x^ky^l$$

を 2 変数の多項式といい，2 変数の多項式の商を 2 変数の有理関数という。$R(x,y)$ は 2 変数の有理関数であるとする。このとき，不定積分

$$\int R(\sin x,\cos x)\,dx$$

は $u=\tan\frac{x}{2}$ $(x=2\arctan u)$ とおくことによって求められる場合がある。このとき

$$dx=\frac{2}{1+u^2}\,du$$

$$\sin x=2\sin\frac{x}{2}\cos\frac{x}{2}=\frac{2\tan\frac{x}{2}}{\sec^2\frac{x}{2}}=\frac{2u}{1+u^2}$$

$$\cos x=2\cos^2\frac{x}{2}-1=\frac{2}{\sec^2\frac{x}{2}}=\frac{2}{1+u^2}-1=\frac{1-u^2}{1+u^2}$$

練習問題 157 次の不定積分を求めなさい。

1) $\displaystyle\int \sec x\, dx$

2) $\displaystyle\int \frac{1}{1+\sin x}\, dx$

不定積分

$$\int R\left(x, \sqrt{a^2-(cx+d)^2}\right) dx$$

は $x=a\sin u$ とおくことによって求められる場合がある。

練習問題 158 次の不定積分を求めなさい。

1) $\displaystyle\int \sqrt{4-(x-1)^2}\, dx$

2) $\displaystyle\int \frac{x}{(1-x^2)\sqrt{1-x^2}}\, dx$

不定積分

$$\int R\left(x, \sqrt{a^2+(cx+d)^2}\right) dx$$

は $cx+d=a\tan u$ とおくことによって求められる場合がある。

練習問題 159 次の不定積分を求めなさい。

1) $\displaystyle\int \frac{1}{\sqrt{1+x^2}}\, dx$

2) $\displaystyle\int \sqrt{1+x^2}\, dx$

不定積分

$$\int R\left(x, \sqrt{(cx+d)^2-a^2}\right) dx$$

は $cx+d=a\tan u$ とおくことによって求められる場合がある。

練習問題 160 次の不定積分を求めなさい。

1) $\displaystyle\int \frac{1}{\sqrt{x^2-1}}\, dx$

2) $\displaystyle\int \sqrt{x^2-1}\, dx$

第8章　積分の応用

8.1　曲線の長さ

任意の正の実数nに対してn個の実数の組

$$\boldsymbol{x} = (x_1, x_2, \dots, x_n)$$

からなる集合をn次元ユークリッド空間，あるいはn次元空間といい，$\boldsymbol{R}^n$で表す。n個の実数$x_1, x_2, \dots, x_n$は$\boldsymbol{x}$の座標と呼ばれる。$\boldsymbol{R}^n$の要素は点，あるいはベクトルと呼ばれる。二つのベクトル$\boldsymbol{x} = (x_1, x_2, \dots, x_n)$，$\boldsymbol{y} = (y_1, y_2, \dots, y_n)$の和$\boldsymbol{x} + \boldsymbol{y}$を，式

$$\boldsymbol{x} + \boldsymbol{y} = (x_1 + y_1, x_2 + y_2, \dots, x_n + y_n)$$

で定義する。また，αが実数のときαと$\boldsymbol{x}$の積$\alpha\boldsymbol{x}$を，式

$$\alpha\boldsymbol{x} = (\alpha x_1, \alpha x_2, \dots, \alpha x_n)$$

で定義する。このようにベクトルとベクトルの和，及び実数とベクトルの積が定義されたとき，$\boldsymbol{R}^n$はベクトル空間となる。更に，$\boldsymbol{x}$と$\boldsymbol{y}$の内積$\boldsymbol{x} \cdot \boldsymbol{y}$を，式

$$\boldsymbol{x} \cdot \boldsymbol{y} = \sum_{i=1}^{n} x_i y_i$$

で，$\boldsymbol{x}$のノルム$\|\boldsymbol{x}\|$を，式

$$\|\boldsymbol{x}\| = (\boldsymbol{x} \cdot \boldsymbol{x})^{1/2} = \left(\sum_{i=1}^{n} x_i^2 \right)^{1/2}$$

で定義する。

定理 96 *(Cauchy-Schwarzの不等式)* $\boldsymbol{R}^n$に属する任意の二つのベクトル$\boldsymbol{x} = (x_1, x_2, \dots, x_n)$と$\boldsymbol{y} = (y_1, y_2, \dots, y_n)$に対して，不等式

$$|\boldsymbol{x} \cdot \boldsymbol{y}| \leq \|\boldsymbol{x}\| \, \|\boldsymbol{y}\| \tag{8.1}$$

が成り立つ。また

$$t\boldsymbol{x} + \boldsymbol{y} = \boldsymbol{0} \tag{8.2}$$

すなわち$tx_i + y_i = 0$ $(i = 1, 2, \dots, n)$となる実数tが存在することは，不等式*(8.1)*が等式となるための必要十分条件である。

定理 96 の証明 任意の実数 t に対して不等式

$$\sum_{k=1}^{n}(x_k t + y_k)^2 \geq 0$$

が成り立つ。一方

$$a = \sum_{k=1} x_k^2, \quad b = \sum_{k=1} x_k y_k, \quad c = \sum_{k=1} y_k^2$$

とおくと

$$\sum_{k=1}^{n}(x_k t + y_k)^2 = at^2 + 2bt + c \tag{8.3}$$

となる。任意の実数 t に対して $at^2 + 2bt + c \geq 0$ なので

$$b^2 \leq ac \tag{8.4}$$

である。この両辺の平方根をとることにより，不等式 8.1 が導かれる。不等式 (8.4) が成り立つ 2 次関数 (8.3) が根をもつことと，不等式 (8.4) で等式が成立することは同値である。したがって式 (8.4) が成り立つことと式 (8.2) が成り立つ実数 t が存在することは同値である。 **証明終わり**

定理 97 *(三角不等式)* $\boldsymbol{R}^n$ に属する任意の二つのベクトル $\boldsymbol{x}$ と $\boldsymbol{y}$ に対して，不等式

$$\|\boldsymbol{x} + \boldsymbol{y}\| \leq \|\boldsymbol{x}\| + \|\boldsymbol{y}\|$$

が成り立つ。

定理 97 の証明 Cauchy-Schwarz の不等式より

$$\begin{aligned}
\|\boldsymbol{x} + \boldsymbol{y}\|^2 &= (\boldsymbol{x} + \boldsymbol{y}) \cdot (\boldsymbol{x} + \boldsymbol{y}) \\
&= \boldsymbol{x} \cdot \boldsymbol{x} + 2\boldsymbol{x} \cdot \boldsymbol{y} + \boldsymbol{y} \cdot \boldsymbol{y} \\
&= \boldsymbol{x} \cdot \boldsymbol{x} + 2\boldsymbol{x} \cdot \boldsymbol{y} + \boldsymbol{y} \cdot \boldsymbol{y} \\
&\leq (\|\boldsymbol{x}\| + \|\boldsymbol{y}\|)^2
\end{aligned}$$

となる。 **証明終わり**

閉区間 $[a, b]$ に定義された n 個の関数 $f_1, f_2, \ldots, f_n$ に対して，ベクトル値関数 $\boldsymbol{f} = (f_1, f_2, \ldots, f_n)$ を次の式で定義する。

$$\boldsymbol{f}(t) = (f_1(t), f_2(t), \ldots, f_n(t))$$

$f_1, f_2, \ldots, f_n$ がすべて $[a, b]$ で積分可能なとき，$\boldsymbol{f}$ の $[a, b]$ での積分

$$\int_a^b \boldsymbol{f}(t)\, dt$$

を式

$$\int_a^b \boldsymbol{f}(t)\,dt = \left(\int_a^b f_1(t)\,dt, \int_a^b f_2(t)\,dt, \dots, \int_a^b f_n(t)\,dt\right)$$

で定義する。

定理 98 $f_1, f_2, \dots, f_n$ がすべて $[a, b]$ で積分可能であり，$\boldsymbol{f} = (f_1, f_2, \dots, f_n)$ であるとき，

$$\left\| \int_a^b \boldsymbol{f}(t)\,dt \right\| \le \int_a^b \|\boldsymbol{f}(t)\|\,dt$$

定理 98 の証明 式 $\|\boldsymbol{f}\|(t) = \|\boldsymbol{f}(t)\|$ で定義される関数 $\|\boldsymbol{f}\|$ は，積分可能な関数と連続関数の合成関数なので，$[a, b]$ で積分可能である。

$$y_i = \int_a^b f_i(t)\,dt, \qquad i = 1, 2, \dots, n$$

として，$\boldsymbol{y} = (y_1, y_2, \dots, y_n)$ とおく。このとき

$$\boldsymbol{y} = \int_a^b \boldsymbol{f}(t)\,dt$$

であり

$$\|\boldsymbol{y}\|^2 = \sum_{i=1}^n y_i^2 = \sum_{i=1}^n y_i \int_a^b f_i(t)\,dt = \int_a^b \left(\sum_{i=1}^n y_i f_i(t)\right) dt$$

Cauchy-Schwarz の不等式より，不等式

$$\sum_{i=1}^n y_i f_i(t) \le \|\boldsymbol{y}\|\,\|\boldsymbol{f}(t)\|$$

が成り立つ。そこで

$$\|\boldsymbol{y}\|^2 \le \int_a^b \|\boldsymbol{y}\|\,\|\boldsymbol{f}(t)\|\,dt = \|\boldsymbol{y}\| \int_a^b \|\boldsymbol{f}(t)\|\,dt$$

となる。　**証明終わり**

ベクトル値関数 $\boldsymbol{f}$ の成分となる n 個の関数 $f_1, f_2, \dots, f_n$ が $[a, b]$ ですべて連続なとき，$\boldsymbol{f} = (f_1, f_2, \dots, f_n)$ は $[a, b]$ 上で連続であるという。このとき $\boldsymbol{f}$ を $\boldsymbol{R}^n$ における曲線という。$k + 1$ 個の点

$$a = t_0 \le t_1 \le \cdots \le t_k = b$$

によって定められる分割 P が与えられたとき，$\Lambda(P, \boldsymbol{f})$ を次の式で定義する。

$$\Lambda(P, \boldsymbol{f}) = \sum_{i=1}^k \|\boldsymbol{f}(t_i) - \boldsymbol{f}(t_{i-1})\|$$

$[a, b]$ の分割 P に対する実数 $\Lambda(P, \boldsymbol{f})$ の集合が上に有界なとき，その上限が存在する。このとき曲線 $\boldsymbol{f}$ の長さ $\Lambda(\boldsymbol{f})$ を，その上限とする。すなわち

$$\Lambda(\boldsymbol{f}) = \sup_P \{\Lambda(P, \boldsymbol{f})\}$$

とする。また，このとき曲線 $\boldsymbol{f}$ は長さをもつという。

$\boldsymbol{f} = (f_1, f_2, \ldots, f_n)$ であるとき，$\boldsymbol{f}' = (f_1', f_2', \ldots, f_n')$ とする。

定理 99 もしも $\boldsymbol{f}'$ が $[a, b]$ 上で連続ならば，曲線 $\boldsymbol{f}$ は長さ $\Lambda(\boldsymbol{f})$ をもち，

$$\Lambda(\boldsymbol{f}) = \int_a^b \left\| \boldsymbol{f}'(t) \right\| dt \tag{8.5}$$

で与えられる。

定理 99 の証明 $a \leq t_{i-1} < t_i \leq b$ ならば

$$\| \boldsymbol{f}(t_i) - \boldsymbol{f}(t_{i-1}) \| = \left\| \int_a^b \boldsymbol{f}'(t)\, dt \right\| \leq \int_{t_{i-1}}^{t_i} \left\| \boldsymbol{f}'(t) \right\| dt$$

より

$$\Lambda(\boldsymbol{f}) \leq \int_a^b \left\| \boldsymbol{f}'(t) \right\| dt$$

正の実数 ϵ が与えられたとき，

$$|s - t| < \delta \quad \text{ならば} \quad \left\| f'(s) - f'(t) \right\| < \epsilon$$

となる正の実数 δ が存在する。$\Delta_i = t_i - t_{i-1} < \delta$ $(i = 1, 2, \ldots, k)$ となる $k + 1$ 個の実数

$$a = t_0 \leq t_1 \leq \cdots \leq t_k = b$$

で定められる分割 P に対して，$t_{i-1} \leq t \leq t_i$ ならば $\|f'(t)\| \leq \|f'(t_i)\| + \epsilon$ となる。このとき

$$\begin{aligned}
\int_{t_{i-1}}^{t_i} \left\| \boldsymbol{f}'(t) \right\| dt &\leq \left\| \boldsymbol{f}'(t_i) \right\| \Delta t_i + \epsilon \Delta t_i \\
&\leq \left\| \int_{t_{i-1}}^{t_i} \left\{ \boldsymbol{f}'(t) + \boldsymbol{f}'(t_i) - \boldsymbol{f}'(t) \right\} dt \right\| + \epsilon \Delta t_i \\
&\leq \left\| \int_{t_{i-1}}^{t_i} \left\{ \boldsymbol{f}'(t) \right\} dt \right\| + \left\| \int_{t_{i-1}}^{t_i} \left\{ \boldsymbol{f}'(t_i) - \boldsymbol{f}'(t) \right\} dt \right\| + \epsilon \Delta t_i \\
&\leq \| \boldsymbol{f}(t_i) - \boldsymbol{f}(t_{i-1}) \| + 2\epsilon \Delta t_i
\end{aligned}$$

したがって

$$\int_a^b \left\| \boldsymbol{f}'(t) \right\| dt \leq \Lambda(P, \boldsymbol{f}) + 2\epsilon(b-a) \leq \Lambda(\boldsymbol{f}) + 2\epsilon(b-a)$$

となる。この不等式が任意の正の実数 ϵ に対して成り立つので

$$\int_a^b \left\| \boldsymbol{f}'(t) \right\| dt \leq \Lambda(\boldsymbol{f})$$

となる。　**証明終わり**

$\boldsymbol{f}$ が $\boldsymbol{R}^2$ における曲線 $\boldsymbol{f} = (f_1, f_2)$ である場合，式 (8.5) は

$$\Lambda(\boldsymbol{f}) = \int_a^b \sqrt{\{f_1'(t)\}^2 + \{f_2'(t)\}^2}\, dt$$

となる。特に，$x = f_1(t) = t$, $f_2(t) = f(t)$ の場合，曲線 $y = f(x)$ $a \leq x \leq b$ の長さ l は

$$l = \int_a^b \sqrt{1 + \left(\frac{dy}{dx}\right)^2}\, dx = \int_a^b \sqrt{1 + \{f'(x)\}^2}\, dx$$

で与えられる。$\boldsymbol{f}$ が $\boldsymbol{R}^3$ における曲線 $\boldsymbol{f} = (f_1, f_2, f_3)$ である場合，式 (8.5) は

$$\Lambda(\boldsymbol{f}) = \int_a^b \sqrt{\{f_1'(t)\}^2 + \{f_2'(t)\}^2 + \{f_3'(t)\}^2}\, dt$$

となる。

練習問題 161 次の式で定義される曲線 $\boldsymbol{f}$ の長さを求めなさい。

1) $\boldsymbol{f}(t) = \left(e^{-t}\cos t, e^{-t}\sin t\right)$ $(0 \leq t \leq 2\pi)$

2) $\boldsymbol{f}(t) = (\cos\alpha t, \sin\alpha t, \beta t)$ $(0 \leq t \leq 2\pi)$
ただし α と β は正の定数とする。

練習問題 162 次の式で定義される曲線の長さを求めなさい。

1) $y = \sqrt{1 - x^2}$ $(0 \leq x \leq 1)$

2) $y = \cosh x$ $(0 \leq x \leq 1)$

練習問題 163 放物線 $y = x^2$ $(0 \leq x \leq a)$ の長さを求めなさい。

練習問題 163 の解答 例題15より

$$l=\int_a^b\sqrt{1+\left(\frac{dy}{dx}\right)^2}\,dx=\int_a^b\sqrt{1+(2x)^2}\,dx=2\int_a^b\sqrt{\left(\frac{1}{2}\right)^2+x^2}\,dx$$
$$=2\left[\frac{1}{2}\left\{x\sqrt{x^2+\left(\frac{1}{2}\right)^2}+\left(\frac{1}{2}\right)^2\log\left(x+\sqrt{x^2+\left(\frac{1}{2}\right)^2}\right)\right\}\right]_0^a$$
$$=a\sqrt{a^2+\left(\frac{1}{2}\right)^2}+\left(\frac{1}{2}\right)^2\log\left(a+\sqrt{a^2+\left(\frac{1}{2}\right)^2}\right)-\left(\frac{1}{2}\right)^2\log\left(\sqrt{\left(\frac{1}{2}\right)^2}\right)$$
$$=a\sqrt{a^2+\left(\frac{1}{2}\right)^2}+\left(\frac{1}{2}\right)^2\log 2\left(a+\sqrt{a^2+\left(\frac{1}{2}\right)^2}\right)$$

となる。

8.2 領域の面積

曲線 $y=f(x)$ $(a\leq x\leq b)$ が x 軸の上部にある場合，この曲線と x 軸および二つの直線 $x=a$ と $x=b$ に囲まれた部分の面積は，積分 $\int_a^b\{f(x)+c\}\,dx$ に等しい。それでは，$[a,b]$ に属するすべての x に対して $f(x)\leq g(x)$ が成り立つとき，二つの曲線 $y=f(x)$ と $y=g(x)$ と二つの直線 $x=a$ と $x=b$ に囲まれた部分

$$A=\{(x,y)\{a\leq x\leq b,\ f(x)\leq y\leq g(x)\}$$

の面積 $\Gamma(A)$ を求める方法を考えてみよう。曲線 $y=f(x)+c$ と $y=g(x)+c$ $(a\leq x\leq b)$ が x 軸より上部になるように，曲線 $y=f(x)$ と $y=g(x)$ $(a\leq x\leq b)$ を y 軸の正の方向に移動する。このとき二つの曲線 $y=f(x)$ と $y=g(x)$ と二つの直線 $x=a$ と $x=b$ に囲まれた部分 B の面積は A の面積に等しい。一方，B の面積は，曲線 $y=f(x)$ と x 軸および二つの直線 $x=a$ と $x=b$ に囲まれた部分の面積と，曲線 $y=g(x)$ と x 軸および二つの直線 $x=a$ と $x=b$ に囲まれた部分の面積の差

$$\int_a^b\{g(x)+c\}\,dx-\int_a^b\{f(x)+c\}\,dx=\int_a^b\{g(x)-f(x)\}\,dx$$

である。したがって $\Gamma(A)$ は次の式で求められる。

$$\Gamma(A)=\int_a^b\{g(x)-f(x)\}\,dx$$

練習問題 164 楕円 $\frac{x^2}{a^2}+\frac{y^2}{b^2}=1$ に囲まれた部分の面積を求めなさい。

関数 f は 1 以上のすべての実数に対して定義された正の減少関数とする。このとき曲線 $y=f(x)$ と x 軸および直線 $x=n$ と $x=n+1$ に囲まれた部分の面積は，直線 $y=f(n)$ と x 軸および直線 $x=n$ と $x=n+1$ に囲まれた長方形の面積 $f(n)$ 以下であり，直線 $y=f(n+1)$ と x 軸および直線 $x=n$ と $x=n+1$ に囲まれた長方形の面積 $f(n+1)$ 以上なので，

$$f(n+1) \le \int_n^{n+1} f(x)\,dx \le f(n)$$

となる。そこで

$$\sum_{k=1}^{n} f(k+1) \le \sum_{k=1}^{n} \int_k^{k+1} f(x)\,dx \le \sum_{k=1}^{n} f(k)$$

より

$$\sum_{k=1}^{n} f(k+1) \le \int_1^{n+1} f(x)\,dx \le \sum_{k=1}^{n} f(k) \tag{8.6}$$

が成り立つ。

$f(x)=1/x$ とすると，不等式 (8.6) より，

$$\int_1^{n+1} \frac{1}{x}\,dx = \log(n+1) \le \sum_{k=1}^{n} \frac{1}{k}$$

がなりたつ。n が無限大になるとき，$\log(n+1)$ も無限大になるので，調和級数

$$\sum_{k=1}^{\infty} \frac{1}{k} \tag{8.7}$$

は発散する。

調和級数のように，正の減少関数の積分と比較することによって，収束あるいは発散の判定が可能な級数もある。

定理 100 関数 f は 1 以上のすべての実数に対して定義された正の減少関数とする。このとき，すべての正の整数 n に対して

$$s_n = \sum_{k=1}^{n} f(k), \quad t_n = \int_1^n f(x)\,dx$$

とすると，二つの数列 $\{s_n\}$ と $\{t_n\}$ はどちらも収束するか，あるいはどちらも発散する。

練習問題 165 定理 *100* を証明しなさい。

練習問題 166 級数

$$\sum_{k=1}^{\infty} \frac{1}{k^\alpha}$$

が収束するための必要十分条件は

$$\alpha > 1$$

であることを示しなさい。

8.3　立体の体積

x 軸に垂直の断面の面積が $f(x)$ $(a \leq x \leq b)$ である立体 S の体積 V を求める方法について考えてみよう。このとき $n+1$ 個の点 (7.1) で定められる分割 P に対して，式 (7.4) で定義される $L(P, f)$ と $U(P, f)$ は V の近似値である。したがって，式 (7.6) で定義される集合 S と T に対して $\sup S = \inf T$ となるとき，

$$V = \int_a^b f(x)\ dx \tag{8.8}$$

であるとする。$g(x) \geq 0$ $(a \leq x \leq b)$ であるとき，曲線 $y = g(x)$ と x 軸および二直線 $x = a$, $x = b$ にかこまれた部分を，x 軸の周りに回転させてできる立体の場合 $f(x)$ は半径 $g(x)$ の円の面積なので，式 (8.8) は

$$V = \pi \int_a^b \{g(x)\}^2\ dx$$

となる。

練習問題 167 半径 a の球の体積を求めなさい。

練習問題 168 楕円体

$$\frac{x^2}{a^2} + \frac{y^2}{b^2} + \frac{z^2}{c^2} \leq 1$$

の体積を求めなさい。

例題 20 底面は半径 a の円で，x 軸に垂直な断面は正三角形である立体の体積を求めなさい。

例題 20 の解答 点 x をとおり，x 軸に垂直な断面は，底辺の長さが $2\sqrt{a^2 - x^2}$ の正三角形なので，その面積 $f(x)$ は

$$f(x) = \frac{1}{2} \cdot 2\sqrt{a^2 - x^2} \cdot \sqrt{3}\sqrt{a^2 - x^2} = \sqrt{3}\left(a^2 - x^2\right)$$

となる。したがって，立体の体積 V は

$$V=\int_{-a}^{a} f(x)\,dx=\sqrt{3}\int_{-a}^{a}\left(a^2-x^2\right)\,dx=\sqrt{3}\left[a^2x-\frac{x^3}{3}\right]_{-a}^{a}=\frac{4\sqrt{3}}{3}a^3$$

となる。

練習問題 169 底面は半径 a の円で，x 軸に垂直な断面は正方形である立体の体積を求めなさい。

第9章　多変数関数の微分法

9.1　スカラー場とベクトル場

定義域が $\boldsymbol{R}^n$ の部分集合 S で値域が $\boldsymbol{R}^m$ の関数について考察する。このような関数を，$m=1$ の場合スカラー場といい，$m>1$ の場合ベクトル場という。点 $\boldsymbol{x}=(x_1,x_2,\ldots,x_n)$ に対してスカラー場 f が定義されているとき $f(\boldsymbol{x})$ あるいは $f(x_1,x_2,\ldots,x_n)$ でその関数値を表す。また同様に，点 $\boldsymbol{x}=(x_1,x_2,\ldots,x_n)$ に対してベクトル場 $\boldsymbol{f}$ が定義されているとき $\boldsymbol{f}(\boldsymbol{x})$ あるいは $\boldsymbol{f}(x_1,x_2,\ldots,x_n)$ でその関数値を表す。

ベクトル場 $\boldsymbol{f}$ が $\boldsymbol{R}^m$ を値域とするとき $\boldsymbol{f}(\boldsymbol{x})$ は m 個の成分 $f_1(\boldsymbol{x}), f_2(\boldsymbol{x}),\ldots,f_m(\boldsymbol{x})$ から成り

$$\boldsymbol{f}(\boldsymbol{x})=(f_1(\boldsymbol{x}), f_2(\boldsymbol{x}),\ldots,f_m(\boldsymbol{x}))$$

と表される。m 個のスカラー場 $f_1,f_2,\ldots,f_m$ をベクトル場 $\boldsymbol{f}$ の成分という。

関数 $\boldsymbol{f}:\boldsymbol{R}^n \longrightarrow \boldsymbol{R}^m$ が任意の二つの点 $\boldsymbol{x}$，$\boldsymbol{y}\in\boldsymbol{R}^n$ と任意の実数 α に対して

$$\begin{aligned}\boldsymbol{f}(\boldsymbol{x}+\boldsymbol{y}) &= \boldsymbol{f}(\boldsymbol{x})+\boldsymbol{f}(\boldsymbol{y})\\ \boldsymbol{f}(\alpha\boldsymbol{x}) &= \alpha\boldsymbol{f}(\boldsymbol{x})\end{aligned}$$

を満たすとき，$\boldsymbol{f}:\boldsymbol{R}^n \longrightarrow \boldsymbol{R}^m$ は線形関数である，あるいは線形であるという。

S と T は $\boldsymbol{R}^n$ と $\boldsymbol{R}^m$ の部分集合のとき，関数 $\boldsymbol{f}:S\longrightarrow\boldsymbol{R}^m$ と $\boldsymbol{g}:R\longrightarrow\boldsymbol{R}^l$ の合成関数 $\boldsymbol{g}\circ\boldsymbol{f}$ を

$$(\boldsymbol{g}\circ\boldsymbol{f})(\boldsymbol{x})=\boldsymbol{g}(\boldsymbol{f}(\boldsymbol{x}))$$

で定義する。

9.2　開集合と閉集合

$\boldsymbol{R}^n$ の点 $\boldsymbol{a}$ を中心とする半径 r の球の内部を $B_r(\boldsymbol{a})$ で表すことにする。すなわち

$$B_r(\boldsymbol{a})=\{\boldsymbol{x}\in\boldsymbol{R}\mid\|\boldsymbol{x}-\boldsymbol{a}\|<r\}$$

となる。

定義 26 S を $\boldsymbol{R}^n$ の部分集合とする。$B_r(\boldsymbol{a})\subset S$ となる $r>0$ があるとき $\boldsymbol{a}$ は S の内点であるという。S の内点からなる集合を S の内部と呼ぶ。

定義 27 $\boldsymbol{R}^n$ の部分集合 S に属する点がすべてその内点であるとき，S は開集合であるという。

練習問題 170 $B_r(\boldsymbol{a})$ は開集合であることを示しなさい。

定義 28 S を $\boldsymbol{R}^n$ の部分集合とする。$B_r(\boldsymbol{a})$ が S の点を含まないような $r>0$ があるとき $\boldsymbol{a}$ は S の外点であるという。S の内点でも外点でもない点を S の境界点という。S のすべての境界点からなる集合を S の境界といい ∂S で表す。

定義 29 S の補集合 $\boldsymbol{R}^n - S$ が開集合であるとき S は閉集合であるという。

9.3 極限と連続性

ベクトル場とスカラー場に関する極限と連続性について考察してみよう。

$$\lim_{\|\boldsymbol{x}-\boldsymbol{a}\|\to 0}\|\boldsymbol{f}(\boldsymbol{x})-\boldsymbol{b}\|=0$$

であるとき，すなわち任意の正の実数 ϵ に対して

$$0<\|\boldsymbol{x}-\boldsymbol{a}\|<\delta \quad ならば \quad \|\boldsymbol{f}(\boldsymbol{x})-\boldsymbol{b}\|<\epsilon$$

となる正の実数 δ が存在するとき，$\boldsymbol{x}$ が $\boldsymbol{a}$ に近づくときの $\boldsymbol{f}(\boldsymbol{x})$ の極限値は $\boldsymbol{b}$ であるといい

$$\lim_{\boldsymbol{x}\to\boldsymbol{a}}\boldsymbol{f}(\boldsymbol{x})=\boldsymbol{b}$$

で表す。また，このとき $\boldsymbol{x}$ が $\boldsymbol{a}$ に近づくとき $\boldsymbol{f}(\boldsymbol{x})$ は $\boldsymbol{b}$ に近づくともいう。

定理 101 $\lim_{\boldsymbol{x}\to\boldsymbol{a}}\boldsymbol{f}(\boldsymbol{x})=\boldsymbol{b}$, $\lim_{\boldsymbol{x}\to\boldsymbol{a}}\boldsymbol{g}(\boldsymbol{x})=\boldsymbol{c}$ とする。このとき以下の式が成り立つ。

1) $\lim_{\boldsymbol{x}\to\boldsymbol{a}}\{\boldsymbol{f}(\boldsymbol{x})+\boldsymbol{g}(\boldsymbol{x})\}=\boldsymbol{b}+\boldsymbol{c}$

2) 任意の実数 α に対して $\lim_{\boldsymbol{x}\to\boldsymbol{a}}\{\alpha\boldsymbol{f}(\boldsymbol{x})\}=\alpha\boldsymbol{b}$

練習問題 171 定理 *101* を証明しなさい。

定理 102 $\lim_{\boldsymbol{x}\to\boldsymbol{a}}\boldsymbol{f}(\boldsymbol{x})=\boldsymbol{b}$, $\lim_{\boldsymbol{x}\to\boldsymbol{a}}\boldsymbol{g}(\boldsymbol{x})=\boldsymbol{c}$ とする。このとき以下の式が成り立つ。

1) $\lim_{\boldsymbol{x}\to\boldsymbol{a}}\{\boldsymbol{f}(\boldsymbol{x})\cdot\boldsymbol{g}(\boldsymbol{x})\}=\boldsymbol{b}\cdot\boldsymbol{c}$

2) $\lim_{\boldsymbol{x}\to\boldsymbol{a}}\|\boldsymbol{f}(\boldsymbol{x})\|=\|\boldsymbol{b}\|$

練習問題 172 定理 *102* を証明しなさい。

定理 103 $\lim_{\boldsymbol{x}\to\boldsymbol{a}} \boldsymbol{f}(\boldsymbol{x}) = \boldsymbol{b}$ が成り立つことは $\lim_{\boldsymbol{x}\to\boldsymbol{a}} f_i(\boldsymbol{x}) = b_i$ が $i = 1, 2, \ldots, m$ に対してなるための必要十分条件である。ただし f_i と b_i を，それぞれ $\boldsymbol{f}$ と $\boldsymbol{b}$ の第 i 成分とする。

練習問題 173 定理 *103* を証明しなさい。

定義 30 点 $\boldsymbol{a}$ が関数 $\boldsymbol{f}$ の定義域内の点であり

$$\lim_{\boldsymbol{x}\to\boldsymbol{a}} \boldsymbol{f}(\boldsymbol{x}) = \boldsymbol{f}(\boldsymbol{a})$$

ならば $\boldsymbol{f}$ は $\boldsymbol{a}$ で連続であるという。$\boldsymbol{f}$ が $\boldsymbol{R}^n$ の部分集合 S 内の任意の点で連続ならば $\boldsymbol{f}$ は S 上で連続であるという。

定理 104 ベクトル場 $\boldsymbol{f}$ がある点 $\boldsymbol{a}$ で連続であることは，$\boldsymbol{f}$ の m 個の成分 $f_1, f_2, \ldots, f_m$ がすべて $\boldsymbol{a}$ で連続であることの必用十分条件である。

練習問題 174 定理 *104* を証明しなさい。

定理 105 関数 $\boldsymbol{f} : \boldsymbol{R}^n \longrightarrow \boldsymbol{R}^m$ が線形ならば，$\boldsymbol{R}^n$ の任意の点で連続である。

練習問題 175 定理 *105* を証明しなさい。

定理 106 $\boldsymbol{f}$ が $\boldsymbol{a}$ で連続で，$\boldsymbol{g}$ が $\boldsymbol{b} = \boldsymbol{g}(\boldsymbol{a})$ で連続ならば合成関数 $\boldsymbol{f} \circ \boldsymbol{g}$ は $\boldsymbol{a}$ で連続である。

定理 106 の証明

$\boldsymbol{g}$ は $\boldsymbol{a}$ で連続なので，任意の正の実数 ϵ に対して

$$\|\boldsymbol{x} - \boldsymbol{a}\| < \rho \quad \text{ならば} \quad \|\boldsymbol{g}(\boldsymbol{x}) - \boldsymbol{g}(\boldsymbol{a})\| < \epsilon$$

となる正の実数 ρ が存在する。一方 $\boldsymbol{f}$ は $\boldsymbol{b} = \boldsymbol{f}(\boldsymbol{a})$ で連続なので

$$\|\boldsymbol{y} - \boldsymbol{b}\| < \delta \quad \text{ならば} \quad \|\boldsymbol{f}(\boldsymbol{y}) - \boldsymbol{f}(\boldsymbol{b})\| < \rho$$

となる正の実数 δ が存在する。このとき

$$\|(\boldsymbol{f} \circ \boldsymbol{g})(\boldsymbol{x}) - (\boldsymbol{f} \circ \boldsymbol{g})(\boldsymbol{a})\| = \|\boldsymbol{f}(\boldsymbol{g}(\boldsymbol{x})) - \boldsymbol{f}(\boldsymbol{g}(\boldsymbol{a}))\| < \epsilon$$

が成り立つので合成関数 $\boldsymbol{f} \circ \boldsymbol{g}$ は $\boldsymbol{a}$ で連続である。 **証明終わり**

$$\begin{aligned}[\boldsymbol{a}, \boldsymbol{b}] &= [a_1, b_1] \times [a_2, b_2] \times \cdots \times [a_n, b_n] \\ &= \{\boldsymbol{x} = (x_1, x_2, \ldots, x_n) \mid a_i \le x_i \le b_i,\ i = 1, 2, \ldots, n\}\end{aligned}$$

定理 107，定理 108，定理 109 は 1 変数の連続関数の場合同様に証明される。

定理 107 スカラー場 f が $[\boldsymbol{a}, \boldsymbol{b}]$ 上で連続ならば，$[\boldsymbol{a}, \boldsymbol{b}]$ 上で有界である。すなわち $[\boldsymbol{a}, \boldsymbol{b}]$ 内の任意の $\boldsymbol{x}$ に対して

$$m \leq f(\boldsymbol{x}) \leq M$$

となる実数 m と M が存在する。

練習問題 176 定理 *107* を証明しなさい。

定理 108 スカラー場 f が $[\boldsymbol{a}, \boldsymbol{b}]$ 上で連続ならば，

$$f(\boldsymbol{c}) = \inf_{\boldsymbol{x} \in [\boldsymbol{a}, \boldsymbol{b}]} \{f(\boldsymbol{x})\}, \quad f(\boldsymbol{d}) = \sup_{\boldsymbol{x} \in [\boldsymbol{a}, \boldsymbol{b}]} \{f(\boldsymbol{x})\}$$

となる $\boldsymbol{c}$ と $\boldsymbol{d}$ が $[\boldsymbol{a}, \boldsymbol{b}]$ 内に存在する。

練習問題 177 定理 *108* を証明しなさい。

$[a_i, b_i]$ の分割 P_i が与えられたとき，$[\boldsymbol{a}, \boldsymbol{b}]$ は有限個の部分集合 Q_j $(j = 1, 2, \ldots, m)$ に分割される。ただし Q_j は，式

$$[a_1^*, b_1^*] \times [a_2^*, b_2^*] \times \ldots \times [a_n^*, b_n^*]$$

で表される集合で，$[a_i^*, b_i^*]$ は分割 P_i に属する閉区間であるとする。この $[\boldsymbol{a}, \boldsymbol{b}]$ の分割を P で表す。

定理 109 スカラー場 f が $[\boldsymbol{a}, \boldsymbol{b}]$ 上で連続ならば，任意の正の実数 ϵ に対して，

$$\sup_{\boldsymbol{x} \in Q_j} \{f(\boldsymbol{x})\} - \inf_{\boldsymbol{x} \in Q_j} \{f(\boldsymbol{x})\} < \epsilon \quad (j = 1, 2, \ldots, m)$$

となる $[\boldsymbol{a}, \boldsymbol{b}]$ の分割 P が存在する。

練習問題 178 定理 *109* を証明しなさい。

微分可能性

定義 31 ある正の実数 r と不等式 $\|\boldsymbol{h}\| < r$ を満たす $\boldsymbol{h}$ に対して

$$R(\boldsymbol{a}, \boldsymbol{h}) = \frac{1}{\|\boldsymbol{h}\|} \{f(\boldsymbol{a} + \boldsymbol{h}) - f(\boldsymbol{a}) - A(\boldsymbol{h})\} \tag{9.1}$$

とするとき

$$\lim_{\|\boldsymbol{h}\| \to 0} R(\boldsymbol{a}, \boldsymbol{h}) = 0$$

となる線形変換 $A : \boldsymbol{R}^n \longrightarrow \boldsymbol{R}$ が存在するならばスカラー場 f は $\boldsymbol{a}$ において微分可能であるといい，

$$f'(\boldsymbol{a}) = A$$

とする。スカラー場 f が開集合 S 内の任意の点で微分可能なとき，S において微分可能であるという。$f'(\boldsymbol{x})$ をスカラー場 f の全導関数という。

ベクトルに関するスカラー場の微分係数

S を $\boldsymbol{R}^n$ の部分集合，$f : S \longrightarrow \boldsymbol{R}$ をスカラー場とする。また $\boldsymbol{a}$ を S の内点，$\boldsymbol{h}$ を任意のベクトルとする。このとき

$$\frac{f(\boldsymbol{a}+t\boldsymbol{h})-f(\boldsymbol{a})}{t} \tag{9.2}$$

は $\boldsymbol{a}$ と $\boldsymbol{a}+t\boldsymbol{h}$ を結ぶ線上での f の平均変化率を表す。

定義 32 極限値

$$\lim_{h\to 0}\frac{f(\boldsymbol{a}+t\boldsymbol{h})-f(\boldsymbol{a})}{t}$$

が存在するとき，これを点 $\boldsymbol{a}$ での $\boldsymbol{h}$ に関する関数 f の微分係数といい，$f'(\boldsymbol{a};\boldsymbol{h})$ で表す。

練習問題 179 関数 $f(\boldsymbol{x})$ が線形ならば $f'(\boldsymbol{a},\boldsymbol{h}) = f(\boldsymbol{h})$ であることを示しなさい。

方向微分係数と偏微分係数

ベクトル $\boldsymbol{h}$ の長さが 1 のとき (9.2) は $\boldsymbol{a}$ と $\boldsymbol{a}+t\boldsymbol{h}$ を結ぶ線上での f の単位長さあたりの平均変化率を表す。このとき $f'(\boldsymbol{a};\boldsymbol{h})$ を $\boldsymbol{a}$ における関数 f の $\boldsymbol{h}$ に関する方向微分係数という。特に $\boldsymbol{y}$ が x_i 座標軸方向の単位ベクトル $\boldsymbol{e}_i$ のとき $f'(\boldsymbol{a};\boldsymbol{e}_i)$ を $\boldsymbol{a}$ における関数 f の x_i に関する偏微分係数といい $D_i f(\boldsymbol{a})$ で表す。このとき f は $\boldsymbol{a}$ において x_i に関して偏微分可能であるという。$D_i f(\boldsymbol{a})$ は

$$D_i f(a_1, a_2, \ldots, a_n), \quad \frac{\partial f}{\partial x_i}(a_1, a_2, \ldots, a_n), \quad f_{x_i}(a_1, a_2, \ldots, a_n)$$

でも表される。$n=2$ の場合 $\boldsymbol{a}=(a,b)$ とすると，偏微分係数 $D_1 f(a,b)$ と $D_2 f(a,b)$ はそれぞれ

$$\frac{\partial f}{\partial x}(a,b), \quad \frac{\partial f}{\partial y}(a,b)$$

でも表される。また $n=3$ の場合 $\boldsymbol{a}=(a,b,c)$ とすると，偏微分係数 $D_1 f(a,b,c)$ と $D_2 f(a,b,c)$ と $D_3 f(a,b,c)$ はそれぞれ

$$\frac{\partial f}{\partial x}(a,b,c), \quad \frac{\partial f}{\partial y}(a,b,c), \quad \frac{\partial f}{\partial z}(a,b,c)$$

でも表される。

$f(\boldsymbol{x})$ が S 内の任意の点で x_i に関して偏微分可能であるとき S 内で x_i に関して偏微分可能であるという。このとき関数

$$D_i f(\boldsymbol{x}) \quad \text{あるいは} \quad \frac{\partial f}{\partial x_i}(\boldsymbol{x}) \quad \text{あるいは} \quad f_{x_i}(\boldsymbol{x})$$

あるいは

$$D_i f \quad \text{あるいは} \quad \frac{\partial f}{\partial x_i} \quad \text{あるいは} \quad f_{x_i}$$

を x_i に関する偏導関数と呼ぶ。$n=2$ の場合，変数 x, y に関する関数 f の偏導関数は，それぞれ

$$\frac{\partial f}{\partial x}, \quad \frac{\partial f}{\partial y}$$

あるいは

$$f_x, \quad f_y$$

で表される。また $n=3$ の場合，変数 x, y, z に関する関数 f の偏導関数は，それぞれ

$$\frac{\partial f}{\partial x}, \quad \frac{\partial f}{\partial y}, \quad \frac{\partial f}{\partial z}$$

あるいは

$$f_x, \quad f_y, \quad f_z$$

で表される。

$f(\boldsymbol{x})$ が Ω 内で $\boldsymbol{x}$ のすべての成分について偏微分可能であるときに，偏微分可能であるという。$f(\boldsymbol{x})$ が開集合 S 内で偏微分可能であるとする。偏導関数 $f_{x_i}(\boldsymbol{x})$ の x_j に関する偏導関数

$$f_{x_i x_j}(\boldsymbol{x})$$

が存在するときに，これを $f(\boldsymbol{x})$ の2階偏導関数という。一般に，$f(\boldsymbol{x})$ の n 階偏導関数を $(n-1)$ 階偏導関数の偏導関数として定義することができる。$f(\boldsymbol{x})$ の n 階偏導関数が存在するとき n 回偏微分可能であるという。

微分可能性と偏微分可能性

定理 110 スカラー場 f は $\boldsymbol{a}$ において微分可能であり $T_{\boldsymbol{a}}$ を $\boldsymbol{a}$ における f の全導関数とする。このときこのとき任意の $\boldsymbol{h}$ に対して，点 $\boldsymbol{a}$ での $\boldsymbol{h}$ に関する f の微分係数 $f'(\boldsymbol{a};\boldsymbol{h})$ が存在し

$$f'(\boldsymbol{a};\boldsymbol{h}) = T_{\boldsymbol{a}}(\boldsymbol{h}) \tag{9.3}$$

となる。またこのとき

$$f'(\boldsymbol{a};\boldsymbol{h}) = \sum_{i=1}^{n} D_i f(\boldsymbol{a})\, h_i$$

となる。

定理 110 の証明 $\mathbf{R}^n$ の任意のベクトル $\boldsymbol{h}$ に対して，式 (9.1) は

$$\frac{f(\boldsymbol{a}+t\boldsymbol{h})-f(\boldsymbol{a})}{t}=T_{\boldsymbol{a}}(\boldsymbol{h})+\frac{|t|}{t}\|\boldsymbol{h}\|R(\boldsymbol{a},t\boldsymbol{h})$$

となる。一方 t が 0 に近づくとき $\|t\boldsymbol{h}\|$ も 0 に近づく。したがって

$$\lim_{t\to 0}\frac{f(\boldsymbol{a}+t\boldsymbol{h})-f(\boldsymbol{a})}{t}=T_{\boldsymbol{a}}(\boldsymbol{h})$$

となる。また

$$\boldsymbol{h}=\sum_{i=1}^{n}h_i\boldsymbol{e}_i$$

より

$$f'(\boldsymbol{a};\boldsymbol{h})=T_{\boldsymbol{a}}(\boldsymbol{h})=T_{\boldsymbol{a}}\left(\sum_{i=1}^{n}h_i\boldsymbol{e}_i\right)=\sum_{i=1}^{n}h_iT_{\boldsymbol{a}}(\boldsymbol{e}_i)=\sum_{i=1}^{n}h_if'(\boldsymbol{a};\boldsymbol{e}_i)=\sum_{i=1}^{n}D_if(\boldsymbol{a})h_i$$

となる。　**証明終わり**

定義 33 スカラー場 f に対するベクトル場 $\boldsymbol{\nabla}f$ を式

$$\boldsymbol{\nabla}f(\boldsymbol{a})=(D_1f(\boldsymbol{a}),D_2f(\boldsymbol{a}),\cdots,D_nf(\boldsymbol{a}))$$

で定義する。ベクトル場 $\boldsymbol{\nabla}f$ を f の勾配とよび，$\mathrm{grad}\,f$ でも表す。

関数 $f(\boldsymbol{x})$ が $\boldsymbol{a}$ で微分可能なとき，式 (9.1) は

$$f(\boldsymbol{a}+\boldsymbol{h})=f(\boldsymbol{a})+\boldsymbol{\nabla}f(\boldsymbol{a})\cdot\boldsymbol{h}+F(\boldsymbol{a},\boldsymbol{h})$$

となる。また，式 (9.3) は,

$$f'(\boldsymbol{a};\boldsymbol{h})=\boldsymbol{\nabla}f(\boldsymbol{a}) \tag{9.4}$$

となる。

定理 111 スカラー場 $f(\boldsymbol{x})$ が $\boldsymbol{a}$ で微分可能ならば，$\boldsymbol{a}$ で連続である。

練習問題 180 定理 *(111)* を証明しなさい。

一般に，スカラー場 $f(\boldsymbol{x})$ が $\boldsymbol{a}$ で微分可能ならば，偏微分可能である。ある $B_r(\boldsymbol{a})$ でスカラー場の偏導関数が連続ならば，$\boldsymbol{a}$ で微分可能であることが示されている。

定理 112 スカラー場 $f(\boldsymbol{x})$ は，ある $B_r(\boldsymbol{a})$ で偏微分可能であり，$D_1f,D_2f,\ldots,D_nf$ が $\boldsymbol{a}$ で連続であるとする。このとき，$f(\boldsymbol{x})$ は $\boldsymbol{a}$ で微分可能である。

練習問題 181 定理 *(112)* を証明しなさい。

合成関数の微分法

　ベクトル値関数

$$\boldsymbol{r}(t) = (r_1(t), r_2(t), \cdots, r_n(t))$$

の各成分が点 a で微分可能なとき，$\boldsymbol{r}$ は a で微分可能であるといい

$$\boldsymbol{r}'(a) = \left(r_1'(a), r_2'(a), \cdots, r_n'(a)\right)$$

とする。また，このとき $\boldsymbol{r}'(a)$ が存在するという。

定理 113 スカラー場 f は $\boldsymbol{R}^n$ の開集合 S をその定義域とし，区間 I に定義されたベクトル値関数 $\boldsymbol{r}$ は S 内にその値をもつものとする。このとき $g = f \circ \boldsymbol{r}$ とする。すなわち

$$g(t) = (f \circ \boldsymbol{r})(t) = f(\boldsymbol{r}(t))$$

とする。もし $\boldsymbol{r}$ が点 t で微分可能で，f が $\boldsymbol{a} = \boldsymbol{r}(t)$ で微分可能ならば合成関数 g は t で微分可能で

$$g'(t) = \nabla f(\boldsymbol{a}) \cdot \boldsymbol{r}'(t)$$

となる。

定理 113 の証明 $\boldsymbol{a} = \boldsymbol{r}(t)$ とする。このとき $B_r(\boldsymbol{a}) \subset S$ となる正の実数 r が存在し，すべての十分に小さい $|h|$ に対して $\boldsymbol{r}(t) \in B_r(\boldsymbol{a})$ となる。一方

$$R(\boldsymbol{a}, \boldsymbol{k}) = \frac{f(\boldsymbol{a} + \boldsymbol{k}) - f(\boldsymbol{a}) - \nabla f(\boldsymbol{a}) \cdot \boldsymbol{k}}{\|\boldsymbol{k}\|}$$

とすると，$\lim_{\boldsymbol{k} \to \boldsymbol{0}} R(\boldsymbol{a}, \boldsymbol{k}) = 0$ となる。そこで，$\boldsymbol{k} = \boldsymbol{r}(t+h) - \boldsymbol{r}(t)$ とすると

$$\begin{aligned} \frac{g(t+h) - g(t)}{h} &= \frac{f(\boldsymbol{r}(t+h)) - f(\boldsymbol{r}(t))}{h} \\ &= \nabla f(\boldsymbol{a}) \cdot \frac{\boldsymbol{r}(t+h) - \boldsymbol{r}(t)}{h} + \frac{\|\boldsymbol{r}(t+h) - \boldsymbol{r}(t)\|}{|h|} R(\boldsymbol{a}, \boldsymbol{r}(t+h) - \boldsymbol{r}(t)) \end{aligned}$$

より

$$\lim_{h \to 0} \frac{g(t+h) - g(t)}{h} = \nabla f(\boldsymbol{a}) \cdot \boldsymbol{r}'(t)$$

となる。 **証明終わり**

ベクトル場の微分法

S を $\boldsymbol{R}^n$ の部分集合，$\boldsymbol{f}: S \longrightarrow \boldsymbol{R}$ をベクトル場とする。また $\boldsymbol{a}$ を S の内点，$\boldsymbol{h}$ を任意のベクトルとする。

定義 34
極限値

$$\lim_{h\to 0}\frac{1}{t}\left\{\boldsymbol{f}(\boldsymbol{a}+t\boldsymbol{h})-\boldsymbol{f}(\boldsymbol{a})\right\}$$

が存在するとき，これを点 $\boldsymbol{a}$ での $\boldsymbol{h}$ に関する $\boldsymbol{f}$ の微分係数といい，$\boldsymbol{f}'(\boldsymbol{a};\boldsymbol{h})$ で表す。

ベクトル場 $\boldsymbol{f}$ の第 i 成分を f_i とすると，$i=1,2,\ldots,m$ に対して $f_i'(\boldsymbol{a};\boldsymbol{h})$ が存在することが $\boldsymbol{f}'(\boldsymbol{a};\boldsymbol{h})$ が存在するための必要十分条件である。このとき

$$\boldsymbol{f}'(\boldsymbol{a};\boldsymbol{h})=\left(f_1'(\boldsymbol{a};\boldsymbol{h}),f_2'(\boldsymbol{a};\boldsymbol{h}),\ldots,f_m'(\boldsymbol{a};\boldsymbol{h})\right)$$

あるいは

$$\boldsymbol{f}'(\boldsymbol{a};\boldsymbol{h})=\sum_{i=1}^{m}f_i'(\boldsymbol{a};\boldsymbol{h})\,\boldsymbol{e}_i$$

と表すことができる。

定義 35 ある正の実数 r と不等式 $\|\boldsymbol{h}\|<r$ を満たす $\boldsymbol{h}$ に対して

$$\boldsymbol{F}(\boldsymbol{a},\boldsymbol{h})=\frac{1}{\|\boldsymbol{h}\|}\left\{\boldsymbol{f}(\boldsymbol{a}+\boldsymbol{h})-\boldsymbol{f}(\boldsymbol{a})-A(\boldsymbol{h})\right\} \tag{9.5}$$

とするとき

$$\lim_{\|\boldsymbol{h}\|\to 0}\boldsymbol{F}(\boldsymbol{a},\boldsymbol{h})=0 \tag{9.6}$$

となる線形変換 $A:\boldsymbol{R}^n \longrightarrow \boldsymbol{R}^m$ が存在するとき $\boldsymbol{f}$ は $\boldsymbol{a}$ において微分可能であるといい，

$$\boldsymbol{f}'(\boldsymbol{a})=A$$

とする。ベクトル場 $\boldsymbol{f}$ が開集合 S 内の任意の点で微分可能なとき，S において微分可能であるという。$f'(\boldsymbol{x})$ をベクトル場 $\boldsymbol{f}$ の全導関数という。

定理 114 ベクトル場 $\boldsymbol{f}$ は $\boldsymbol{a}$ において微分可能であり，$\boldsymbol{T_a}$ をその全導関数とする。このとき $\boldsymbol{R}^n$ の任意のベクトル $\boldsymbol{h}$ に対して点 $\boldsymbol{a}$ での $\boldsymbol{h}$ に関する $\boldsymbol{f}$ の微分係数 $\boldsymbol{f}'(\boldsymbol{a};\boldsymbol{h})$ が存在し，

$$\boldsymbol{T_a}(\boldsymbol{h})=\boldsymbol{f}'(\boldsymbol{a};\boldsymbol{h})$$

となる。更に $\boldsymbol{T_a}(\boldsymbol{h})$ は次の式で表される。

$$\boldsymbol{T_a}(\boldsymbol{h})=\sum_{i=1}^{m}\left(\nabla f_i(\boldsymbol{a})\cdot\boldsymbol{h}\right)\boldsymbol{e}_i \tag{9.7}$$

定理 114 の証明 式 (9.5) より

$$\frac{1}{t}\left\{\boldsymbol{f}(\boldsymbol{a}+t\boldsymbol{h})-\boldsymbol{f}(\boldsymbol{a})\right\}=\boldsymbol{T}_{\boldsymbol{a}}(\boldsymbol{h})+\frac{|t|}{t}\|\boldsymbol{h}\|\,\boldsymbol{F}(\boldsymbol{a},\boldsymbol{h})$$

となり，条件 (9.6) より

$$\lim_{t\to 0}\frac{1}{t}\left\{\boldsymbol{f}(\boldsymbol{a}+t\boldsymbol{h})-\boldsymbol{f}(\boldsymbol{a})\right\}=\boldsymbol{T}_{\boldsymbol{a}}(\boldsymbol{h})$$

となる。また，このとき式 (9.3)，(9.4) より

$$\boldsymbol{T}_{\boldsymbol{a}}(\boldsymbol{h})=\boldsymbol{f}'(\boldsymbol{a};\boldsymbol{h})=\sum_{i=1}^{m}f_i'(\boldsymbol{a};\boldsymbol{h})\,\boldsymbol{e}_i=\sum_{i=1}^{m}(\boldsymbol{\nabla}f_i(\boldsymbol{a})\cdot\boldsymbol{h})\,\boldsymbol{e}_i$$

となる。 **証明終わり**

ベクトル $\boldsymbol{h}$ を n 行 1 列の行列とするならば式 (9.7) は行列の積

$$\boldsymbol{T}_{\boldsymbol{a}}(\boldsymbol{h})=D\boldsymbol{f}(\boldsymbol{a})\,\boldsymbol{h}$$

として表される。ただし m 行 n 列の行列 $D\boldsymbol{f}(\boldsymbol{a})$ の第 i 行 j 列の成分は

$$D_j f_i(\boldsymbol{a})$$

である。行列 $D\boldsymbol{f}(\boldsymbol{a})$ は，点 $\boldsymbol{a}$ における $\boldsymbol{f}$ のヤコビアン行列と呼ばれる。

合成関数の微分法

ベクトル場の合成関数の微分可能性については，次の結果が知られている。

定理 115 $\boldsymbol{R}^m$ に値域を持つベクトル場 $\boldsymbol{f}$ は $\boldsymbol{R}^n$ の開集合 S を定義域とし，S 内の点 $\boldsymbol{a}$ で微分可能であるとする。$\boldsymbol{R}^l$ に値域を持つベクトル場 $\boldsymbol{g}$ は $\boldsymbol{f}(S)$ を含む $\boldsymbol{R}^m$ の開集合 T に定義され，$\boldsymbol{b}=\boldsymbol{f}(\boldsymbol{a})$ で微分可能であるとする。このとき合成関数

$$\boldsymbol{h}(\boldsymbol{x})=(\boldsymbol{g}\circ\boldsymbol{f})(\boldsymbol{x})=\boldsymbol{g}(\boldsymbol{f}(\boldsymbol{x}))$$

は $\boldsymbol{a}$ で微分可能であり

$$\boldsymbol{h}'(\boldsymbol{a})=(\boldsymbol{g}\circ\boldsymbol{f})'(\boldsymbol{a})=\boldsymbol{g}'(\boldsymbol{b})\circ\boldsymbol{f}'(\boldsymbol{a}) \tag{9.8}$$

となる。

式 (9.8) をヤコビアン行列 $D\boldsymbol{h}(\boldsymbol{a})$，$D\boldsymbol{g}(\boldsymbol{b})$，$D\boldsymbol{f}(\boldsymbol{a})$ で表すと，

$$D\boldsymbol{h}(\boldsymbol{a})=D\boldsymbol{g}(\boldsymbol{b})\,D\boldsymbol{f}(\boldsymbol{a})$$

となる。

9.4 多変数の微分の応用

最小値と最大値および極小値と極大値

多変数の微分の応用として，スカラー場の極値を求める方法について考察してみよう。

定義 36 $\boldsymbol{R}^n$ の補集合 S に属する任意の点 $\boldsymbol{x}$ に対して

$$f(\boldsymbol{a}) \leq f(\boldsymbol{x}) \tag{9.9}$$

となる $\boldsymbol{a} \in S$ が存在するとき，関数 $f(\boldsymbol{x})$ は $\boldsymbol{a}$ で，S 上での最小値あるいは単に最小値をとるという。また，このとき $f(\boldsymbol{a})$ を S 上での最小値，あるいは単に最小値という。不等式 *(9.9)* が，S に含まれる $B_r(\boldsymbol{a})$ 内の任意の点 $\boldsymbol{x}$ に対して成立するとき，関数 $f(\boldsymbol{x})$ は $\boldsymbol{a}$ で極小値をとるといい，また，このとき $f(\boldsymbol{a})$ を極小値という。

最大値，極大値も最小値，極小値同様定義する。極小値と極大値を極値という。

練習問題 182 次の関数が原点 $\boldsymbol{0}$ で極値をとるかどうか，判定しなさい。

1) $f(x,y) = x^2 + y^2$

2) $f(x,y) = x^2 - y^2$

3) $f(x,y) = x^2 y$

定理 116 関数 $f(\boldsymbol{x})$ は $\boldsymbol{a}$ で微分可能であり，極値をとるとする。このとき

$$\boldsymbol{\nabla} f(\boldsymbol{a}) = \boldsymbol{0}$$

となる。

定理 116 の証明

$$R(\boldsymbol{a},\boldsymbol{h}) = \frac{1}{\|\boldsymbol{h}\|}\{f(\boldsymbol{a}+\boldsymbol{h}) - f(\boldsymbol{a}) - \boldsymbol{\nabla} f(\boldsymbol{a}) \cdot \boldsymbol{h}\}$$

とすると

$$\lim_{\boldsymbol{h} \to \boldsymbol{0}} R(\boldsymbol{a},\boldsymbol{h}) = 0$$

となる。このとき $\boldsymbol{b} = \boldsymbol{\nabla} f(\boldsymbol{a})$, $\boldsymbol{h} = t\boldsymbol{b}$ とおくと

$$f(\boldsymbol{a}+t\boldsymbol{b}) - f(\boldsymbol{a}) = t\left\{\|\boldsymbol{b}\|^2 + \frac{|t|}{t}\|\boldsymbol{b}\| R(\boldsymbol{a},t\boldsymbol{b})\right\} \tag{9.10}$$

となる。$\boldsymbol{b} = \boldsymbol{\nabla} f(\boldsymbol{a}) \neq \boldsymbol{0}$ とすると，

$$|t| < \delta \quad \text{ならば} \quad \|\boldsymbol{b}\|^2 + \frac{|t|}{t}\|\boldsymbol{b}\| R(\boldsymbol{a},t\boldsymbol{b}) > 0$$

となる正の実数 δ が存在する。このとき式 (9.10) の右辺は，$t > 0$ ならば正，$t < 0$ ならば負となり，$f(\boldsymbol{a})$ は極値とはならない。したがって $f(\boldsymbol{a})$ が極値ならば $\boldsymbol{\nabla} f(\boldsymbol{a}) = \boldsymbol{0}$ である。

証明終わり

2回偏導関数と Tayler の定理

f をスカラー場とする。このとき

$$D_{ij}f(\boldsymbol{x}) = \frac{\partial}{\partial x_j}\left(\frac{\partial f}{\partial x_i}\right)(\boldsymbol{x})$$

とする。

定義 37 f をスカラー場とする。このとき n 次正方行列 $H(\boldsymbol{x})$ を

$$H(\boldsymbol{x}) = \begin{bmatrix} D_{11}f(\boldsymbol{x}) & D_{12}f(\boldsymbol{x}) & \cdots & D_{1n}f(\boldsymbol{x}) \\ D_{21}f(\boldsymbol{x}) & D_{22}f(\boldsymbol{x}) & \cdots & D_{2n}f(\boldsymbol{x}) \\ \vdots & \vdots & & \vdots \\ D_{n1}f(\boldsymbol{x}) & D_{n2}f(\boldsymbol{x}) & \cdots & D_{nn}f(\boldsymbol{x}) \end{bmatrix}$$

とする。

定義 37 より $\boldsymbol{h} = (h_1, h_2, \ldots, h_n)$ ならば

$$\sum_{i=1}^{n}\sum_{j=1}^{n} D_{ij}f(\boldsymbol{x})\, h_i h_j = \boldsymbol{h}H(\boldsymbol{x})\,\boldsymbol{h}^T$$

となる。ただし $\boldsymbol{h}^T$ は $\boldsymbol{h}^T$ の転置を表す。2 回偏導関数のに関しては次の定理に述べる結果が知られている。

定理 117 スカラー場 f の 2 回偏導関数 $D_{ij}f(\boldsymbol{x})$ はすべて連続であるとする。このとき

$$D_{ij}f(\boldsymbol{x}) = D_{ji}f(\boldsymbol{x})$$

定理 117 により，スカラー場 f の 2 回偏導関数 $D_{ij}f(\boldsymbol{x})$ がすべて連続ならば，$H(\boldsymbol{x})$ は対称行列となる。

定理 118 関数 f のすべての 2 階偏導関数 $D_{ij}f(\boldsymbol{x})$ が，ある $B_r(\boldsymbol{a})$ で存在し，かつ連続であるとする。このとき $\boldsymbol{a} + \boldsymbol{h} \in B_r(\boldsymbol{a})$ を満たす h に対して

$$f(\boldsymbol{a}+\boldsymbol{h}) - f(\boldsymbol{a}) = \boldsymbol{\nabla} f(\boldsymbol{a}) \cdot \boldsymbol{h} + \frac{1}{2}\boldsymbol{h}H(\boldsymbol{a}+\theta\boldsymbol{h})\,\boldsymbol{h}^T \tag{9.11}$$

となる θ が開区間 $(0,1)$ にある。

$$R(\boldsymbol{a},\boldsymbol{h}) = \frac{1}{\|\boldsymbol{h}\|^2}\left\{f(\boldsymbol{a}+\boldsymbol{h}) - f(\boldsymbol{a}) - \boldsymbol{\nabla} f(\boldsymbol{a}) \cdot \boldsymbol{h} - \frac{1}{2}\boldsymbol{h}H(\boldsymbol{a})\,\boldsymbol{h}^T\right\} \tag{9.12}$$

とすると

$$\lim_{\boldsymbol{h}\to\boldsymbol{0}} R(\boldsymbol{a},\boldsymbol{h}) = 0 \tag{9.13}$$

定理 118 の証明 $g(t) = f(\boldsymbol{a} + t\boldsymbol{h})$ とすると

$$f(\boldsymbol{a}+\boldsymbol{h}) - f(\boldsymbol{a}) = g(1) - g(0) = g'(0) + \frac{1}{2}g''(\theta) \tag{9.14}$$

となる θ が開区間 $(0,1)$ に存在する。一方，$\boldsymbol{r}(t) = \boldsymbol{a} + t\boldsymbol{h}$ とすると $g(t) = f(\boldsymbol{r}(t))$ となるので，

$$g'(t) = \boldsymbol{\nabla} f(\boldsymbol{r}(t)) \cdot \boldsymbol{h} = \sum_{j=1}^{n} D_j f(\boldsymbol{r}(t)) h_j \tag{9.15}$$

$$g''(t) = \sum_{i=1}^{n} D_i \left\{ \sum_{j=1}^{n} D_j f(\boldsymbol{r}(t)) h_j \right\} h_i = \sum_{i=1}^{n}\sum_{j=1}^{n} D_{ij} f(\boldsymbol{r}(t)) h_i h_j = \boldsymbol{h} H(\boldsymbol{r}(t)) \boldsymbol{h}^T \tag{9.16}$$

式 (9.11) は式 (9.14)，(9.15)，(9.16) より導かれる。式 (9.11) を式 (9.12) に代入すると

$$\begin{aligned} R(\boldsymbol{a},\boldsymbol{h}) &= \frac{1}{2\|\boldsymbol{h}\|^2}\boldsymbol{h}\left\{H(\boldsymbol{a}+\theta\boldsymbol{h}) - H(\boldsymbol{a})\right\}\boldsymbol{h}^T \\ &= \frac{1}{2\|\boldsymbol{h}\|^2}\sum_{i=1}^{n}\sum_{j=1}^{n}\left\{D_{ij}f(\boldsymbol{a}+\theta\boldsymbol{h}) - D_{ij}f(\boldsymbol{a})\right\}h_i h_j \end{aligned}$$

より

$$|R(\boldsymbol{a},\boldsymbol{h})| \leq \frac{1}{2}\sum_{i=1}^{n}\sum_{j=1}^{n}\left\{|D_{ij}f(\boldsymbol{a}+\theta\boldsymbol{h}) - D_{ij}f(\boldsymbol{a})\}\right|$$

そこで，式 (9.13) は f の 2 回偏導関数の連続であることから導かれる。 **証明終わり**

一般に n 行列 A の固有値は，$A\boldsymbol{x} = \lambda\boldsymbol{x}$ となる $\boldsymbol{0}$ でないベクトル $\boldsymbol{x}$ が存在するような複素数であり，n 次方程式

$$p(\lambda) = \det(A - \lambda I) = 0$$

の解である。A が実対称行列の場合，その固有値はすべて実数であり，またその場合 $S^tS = I$, $S^tAS = D$ となる n 次正方行列 S が存在することが知られている。ただし D を，A の固有値を対角成分とする対角行列とする。この結果から次の定理が導かれる。

定理 119 A を $n \times n$ 実対称行列とする。このとき

$$\boldsymbol{x}A\boldsymbol{x}^t = \boldsymbol{y}A\boldsymbol{y}^t = \sum_{i=1}^{n}\lambda_i y_i^2$$

となる。ただし $\boldsymbol{y} = S\boldsymbol{x}$，$\lambda_i$ $(i = 1, 2, \ldots, n)$ を A の固有値とする。

定理 119 の証明

$$\boldsymbol{x}A\boldsymbol{x}^t = \boldsymbol{y}S^tAS\boldsymbol{y}^t = \boldsymbol{y}D\boldsymbol{y}^t = \sum_{i=1}^{n} \lambda_i y_i^2$$

定義 38 A を n 次対称行列とする。$\mathbf{0}$ でないすべての $\boldsymbol{x}$ に対して，$\boldsymbol{x}^tA\boldsymbol{x} > 0$ が成り立つとき，正定値であるといい，$\boldsymbol{x}^tA\boldsymbol{x} < 0$ が成り立つとき，A は負定値であるという。

定理 120 A を n 次対称行列とする。

1) A が正定値であることは，A のすべての固有値が正であるための必要十分条件である。このとき，

$$\boldsymbol{x} \neq \mathbf{0} \quad ならば \quad \boldsymbol{x}^tA\boldsymbol{x} > \delta \, |\boldsymbol{x}\|^2$$

となる正の実数 δ が存在する。

2) A が負定値であることは，A のすべての固有値が負であるための必要十分条件である。このとき，

$$\boldsymbol{x} \neq \mathbf{0} \quad ならば \quad \boldsymbol{x}^tA\boldsymbol{x} < -\delta \, |\boldsymbol{x}\|^2$$

となる正の実数 δ が存在する。

定理 120 の証明

1) λ を A の固有値，$\boldsymbol{x}$ を λ に付随する A の固有ベクトルとする。このとき，$A\boldsymbol{x} = \lambda\boldsymbol{x}$ より，$\boldsymbol{x}^tA\boldsymbol{x} = \lambda\boldsymbol{x}^t\boldsymbol{x}$ となる。A は正定値なので $\boldsymbol{x}^tA\boldsymbol{x} > 0$ となり，また $\boldsymbol{x}\boldsymbol{x}^t = \|\boldsymbol{x}\|^2 > 0$ が成り立つので，

$$\lambda = \frac{\boldsymbol{x}^tA\boldsymbol{x}}{\boldsymbol{x}^t\boldsymbol{x}} > 0$$

となる。A の固有値 $\lambda_1, \lambda_2, \ldots, \lambda_n$ がすべて正であるとする。このとき $\boldsymbol{y} = S\boldsymbol{x}$ とすると，$\boldsymbol{y}^t\boldsymbol{y} = \boldsymbol{x}^tS^tS\boldsymbol{x} = \boldsymbol{x}^t\boldsymbol{x}$ より $\boldsymbol{x} \neq \mathbf{0}$ ならば $\boldsymbol{y} \neq \mathbf{0}$ であり，定理 119 より $\boldsymbol{x}^tA\boldsymbol{x} > 0$ となる。また，このとき δ を $\lambda_1, \lambda_2, \ldots, \lambda_n$ の最小値とすると，

$$\boldsymbol{x}A\boldsymbol{x}^t = \sum_{i=1}^{n} \lambda_i y_i^2 > \delta\lambda_i y_i^2 = \delta \, |\boldsymbol{y}\|^2 = \delta \, |\boldsymbol{x}\|^2$$

2) 1) と同様に証明される。

証明終わり

定理 121 関数 f のすべての 2 階偏導関数が，ある $B_r(\boldsymbol{a})$ で存在し，かつ連続であるとする。また $\boldsymbol{\nabla} f(\boldsymbol{a}) = \mathbf{0}$ であるとする。

1) $H(\boldsymbol{a})$ が正定値ならば $f(\boldsymbol{x})$ は $\boldsymbol{a}$ で極小値をとる。

2) $H(\boldsymbol{a})$ が負定値ならば $f(\boldsymbol{x})$ は $\boldsymbol{a}$ で極大値をとる。

定理 121 の証明

1) 式 (9.12) で定義される $R(\boldsymbol{a},\boldsymbol{h})$ に対して定理 120, 1) より，$\boldsymbol{h} \neq \boldsymbol{0}$ ならば,

$$f(\boldsymbol{a}+\boldsymbol{h}) - f(\boldsymbol{a}) = \frac{1}{2}\boldsymbol{h}H(\boldsymbol{a})\boldsymbol{h}^T + \|\boldsymbol{h}\|^2 R(\boldsymbol{a},\boldsymbol{h}) \geq \|\boldsymbol{h}\|^2 \left\{\frac{1}{2}\delta + R(\boldsymbol{a},\boldsymbol{h})\right\}$$

となる正の実数 δ が存在する。一方，式 (9.13) により，$|\boldsymbol{h}| < \mu$ ならば

$$\frac{1}{2}\delta + R(\boldsymbol{a},\boldsymbol{h}) > 0$$

となる正の実数 μ が存在する。このとき $f(\boldsymbol{a}+\boldsymbol{h}) - f(\boldsymbol{a}) > 0$ となり，したがって $f(\boldsymbol{a})$ は極小値である。

2) 1) 同様に証明される。

証明終わり

定理 122 関数 $f(x,y)$ のすべての 2 階偏導関数が，点 (a,b) を含むある開集合で存在し，かつ連続であるとする。また点 (a,b) において

$$\frac{\partial f}{\partial x} = 0, \quad \frac{\partial f}{\partial y} = 0$$

であり,

$$\frac{\partial^2 f}{\partial x^2}\frac{\partial^2 f}{\partial y^2} - \left(\frac{\partial^2 f}{\partial x \partial y}\right) > 0$$

とする。

1) $\dfrac{\partial^2 f}{\partial x^2} + \dfrac{\partial^2 f}{\partial y^2} > 0$ ならば $f(x,y)$ は (a,b) で極小値をとる。

2) $\dfrac{\partial^2 f}{\partial x^2} + \dfrac{\partial^2 f}{\partial y^2} < 0$ ならば $f(x,y)$ は (a,b) で極大値をとる。

定理 122 の証明

$$a = \frac{\partial^2 f}{\partial x^2}, \quad b = \frac{\partial^2 f}{\partial x \partial y}, \quad c = \frac{\partial^2 f}{\partial y^2}$$

とおくと A の固有値は

$$\frac{a + c \pm \sqrt{(a+c)^2 - 4(ac - b^2)}}{2}$$

である。

1) $ac-b^2>0,\ a+c>0$ ならば固有値は正であり，定理 121 より，$f(a,b)$ は極小値である。

2) $ac-b^2<0,\ a+c<0$ ならば固有値は負であり，定理 121 より，$f(a,b)$ は極大値である。

証明終わり

例題 21 関数 $f(x,y)=x^3+y^3-3xy$ の極値を求めなさい。

例題 21 の解答

$$\frac{\partial f}{\partial x}(x,y)=3x^2-3y=0,\quad \frac{\partial f}{\partial x}(x,y)=3y^2-3x=0$$

とおくと $x^4-x=x(x-1)\left(x^2+x+1\right)=0$ より $(x,y)=(0,0),\ (x,y)=(0,0)$ となる。このとき

$$a=\frac{\partial^2 f}{\partial x^2}(x,y)=6x,\quad b=\frac{\partial^2 f}{\partial y\partial x}(x,y)=3,\quad c=\frac{\partial^2 f}{\partial y^2}(x,y)=6y$$

より

$$ac-b^2=36xy-9,\quad a+c=6(x+y)$$

となる。したがって $(x,y)=(1,1)$ で，$ac-b^2>0,\ a+c>0$ より，$f(1,1)=-1$ は極小値である。

練習問題 183 関数 $f(x,y)=ax^2+bxy+cy^2+px+qy+r$ が最大値，あるいは最小値をもつための条件を記述しなさい。

練習問題 184 次の関数の極値を求めなさい。

1) $f(x,y)=x^2+y^3-xy$

2) $f(x,y)=\dfrac{xy}{1+x^2+y^2}$

練習問題 185 互いに異なる n 個の実数 $x_i\ (i=1,2,\ldots,n)$ に対して n 個の実数 $y_i\ (i=1,2,\ldots,n)$ が与えられたとき，一般には $y_i=ax_i+b\ (i=1,2,\ldots,n)$ となる定数 a と b は存在しない。そこで y_i と ax_i+b の差の 2 乗和

$$\sum_{i=1}^{n}\{y_i-(ax_i+b)\}^2$$

が最小となる a と b を求めなさい。

練習問題 186 $\boldsymbol{R}^n$ の m 個の互いにことなる点 $\boldsymbol{x}_j$ $(j = 1, 2, \ldots, m)$ が与えられたとき，点 $\boldsymbol{x}$ と各点との距離の 2 乗和

$$f(\boldsymbol{x}) = \sum_{j=1}^{n} \|\boldsymbol{x} - \boldsymbol{x}_j\|^2$$

の最小値を求めなさい。

第10章　2変数関数の積分法

10.1　2変数関数の積分

閉区間 $[a,b]$ の分割

$$a = x_0 \leq x_1 \leq \cdots \leq x_{n-1} \leq x_n = b$$

と閉区間 $[c,d]$ の分割

$$c = y_0 \leq y_1 \leq \cdots \leq y_{m-1} \leq y_m = d$$

が与えれたときに長方形領域

$$R_{ij} = [x_{i-1}, x_i] \times [y_{j-1}, y_j] = \{(x,y) \mid x_{i-1} \leq x \leq x_i,\ y_{j-1} \leq y \leq y_j\}$$
$$(i = 1, 2, \ldots, n,\ j = 1, 2, \ldots, m)$$

の集合を長方形領域

$$R = [a,b] \times [c,d] = \{(x,y) \mid a \leq x \leq b,\ c \leq y \leq d\}$$

の分割といい，P で表す。長方形領域 R 上に定義された関数 f が，各 R_{ij} 上で定数のとき階段関数であるという。

定義 39 長方形領域 R 上に定義された階段関数 f は，各 R_{ij} 上で c_{ij} の値をもつものとする。このとき f の R 上の積分 $\iint_R f(x,y)\,dx\,dy$ を次の式で定義する。

$$\iint_R f(x,y)\,dx\,dy = \sum_{i=1}^{n} \sum_{j=1}^{m} c_{ij} (x_i - x_{i-1})(y_j - y_{j-1})$$

定理 123

$$\iint_R f(x,y)\,dx\,dy = \int_c^d \left\{ \int_a^b f(x,y)\,dx \right\} dy = \int_a^b \left\{ \int_c^d f(x,y)\,dy \right\} dx$$

定理 123 の証明 $h(y) = \int_a^b f(x,y)\,dx$ とすると

$$y_{j-1} \leq y \leq y_j \quad ならば \quad h(y) = \sum_{i=1}^{n} c_{ij} (x_i - x_{i-1})$$

となるので,

$$\begin{aligned}\int_c^d \left\{\int_a^b f(x,y)\,dx\right\} dy &= \int_c^d h(y)\,dy \\ &= \sum_{j=1}^{m}\left\{\sum_{i=1}^{n} c_{ij}(x_i - x_{i-1})\right\}(y_j - y_{j-1}) \\ &= \sum_{i=1}^{n}\sum_{j=1}^{n} c_{ij}(x_i - x_{i-1})(y_j - y_{j-1}) \\ &= \iint_R f(x,y)\,dx\,dy\end{aligned}$$

証明終わり

定理 124 f と g を長方形領域 R 上に定義された階段関数とする。

1) 任意の実数 s と t に対して

$$\iint_R \{sf(x,y) + tg(x,y)\}\,dx\,dy = s\iint_R f(x,y)\,dx\,dy + t\iint_R g(x,y)\,dx\,dy$$

となる。

2) R が 2 つの長方形領域 R_1 と R_2 に分割されるならば

$$\iint_R f(x,y)\,dx\,dy = \iint_{R_1} f(x,y)\,dx\,dy + \iint_{R_2} f(x,y)\,dx\,dy$$

となる。

3) R 内の任意の (x,y) に対して $f(x,y) \le g(x,y)$ ならば

$$\iint_R f(x,y)\,dx\,dy \le \iint_R g(x,y)\,dx\,dy$$

となる。

練習問題 187 定理 *124* を証明しなさい。

関数 $f(x,y)$ は長方形領域 $R = [a,b] \times [c,d]$ 上で有界であるとする。すなわち R 内の任意の (x,y) に対して

$$m \le f(x,y) \le M \tag{10.1}$$

となる実数 m となる M が存在する。

定義 40 $g(x,y) \leq f(x,y) \leq h(x,y)$ となる任意の二つの階段関数 $g(x,y)$ と $h(x,y)$ に対して不等式

$$\iint_R g(x,y)\,dx\,dy \leq I \leq \iint_R h(x,y)\,dx\,dy \tag{10.2}$$

が成り立つ唯一つの実数 I が存在するとき，これを f の R 上の積分といい

$$\iint_R f(x,y)\,dx\,dy$$

で表す。また，このとき f は R 上で積分可能であるという。

$g(x,y)$ は階段関数であり，R 内の任意の (x,y) 対して不等式

$$g(x,y) \leq f(x,y) \tag{10.3}$$

が成り立つならば，不等式 (10.1) より

$$\iint_R g(x,y)\,dx\,dy \leq M(b-a)(d-c) \tag{10.4}$$

となる。また，R 内の任意の (x,y) 対して不等式不等式

$$f(x,y) \leq h(x,y) \tag{10.5}$$

が成り立つならば,，不等式 (10.1) より

$$m(b-a)(d-c) \leq \iint_R h(x,y)\,dx\,dy \tag{10.6}$$

となる。S を，不等式 (10.3) を満たす階段関数 g の積分 $\iint_R g(x,y)\,dx\,dy$ の集合とすると，不等式 (10.4) により，S は上に有界であり $\sup S$ が存在する。同様に T を，不等式 (10.5) を満たす階段関数 h の積分 $\iint_R h(x,y)\,dx\,dy$ の集合とすると，不等式 (10.6) により，T は上に有界であり $\inf T$ が存在する。また不等式 (10.3) と不等式 (10.5) を満たす任意の階段関数 g と h に対して

$$\iint_R g(x,y)\,dx\,dy \leq \sup S \leq \inf T \leq \iint_R h(x,y)\,dx\,dy$$

となる。$\sup S$ は f の R 上の下積分と呼ばれ，また $\inf T$ は f の R 上の上積分と呼ばれる。$\sup S$ と $\inf T$ はともに不等式 (10.2) を満たすので，関数 f が R 上で積分可能であるための必用十分条件は $\sup S = \inf T$ である。また，このとき

$$\iint_R f(x,y)\,dx\,dy = \sup S = \inf T$$

となる。

定理 125 $R=[a,b]\times[c,d]$ 上に定義された有界な関数 $f(x,y)$ は，R 上で積分可能であるとする。

1) $[c,d]$ の任意の y に対して $f(x,y)$ が x の関数として $[a,b]$ 上で積分可能であり，y の関数

$$\int_a^b f(x,y)\,dx$$

が $[c,d]$ 上で積分可能ならば

$$\iint_R f(x,y) = \int_c^d \left\{\int_a^b f(x,y)\,dx\right\} dy$$

が成り立つ。

2) $[a,b]$ の任意の x に対して $f(x,y)$ が y の関数として $[c,d]$ 上で積分可能であり，x の関数

$$\int_c^d f(x,y)\,dy$$

が $[a,b]$ 上で積分可能ならば

$$\iint_R f(x,y) = \int_a^b \left\{\int_c^d f(x,y)\,dy\right\} dx$$

が成り立つ。

定理 125 の証明

1) R ないの任意の (x,y) に対して，階段関数 g と h が不等式 $g(x,y)\le f(x,y)\le h(x,y)$ を満たすならば，

$$\int_a^b g(x,y)\,dx \le \int_a^b f(x,y)\,dx \le \int_a^b h(x,y)\,dx$$

この不等式の各項の関数を $[c,d]$ 上で積分すると，定理 123 より

$$\iint_R g(x,y)\,dx\,dy \le \int_c^d \left\{\int_a^b f(x,y)\,dx\right\} dy \le \iint_R h(x,y)\,dx\,dy$$

となる。不等式 $g(x,y)\le f(x,y)\le h(x,y)$ を満たす任意の階段関数 g と h に対して，この不等式を満たす実数は，f の R 上の積分だけなので，

$$\iint_R f(x,y)\,dx\,dy \int_c^d \left\{\int_a^b f(x,y)\,dx\right\} dy$$

となる。

2) 1) 同様に証明される。

証明終わり

10.2　2変数関数の積分可能性

本節では，関数の連続性と積分可能性について考察する。

定理 126 関数 $f(x,y)$ が $R=[a,b]\times[c,d]$ 上で連続ならば，R 上で積分可能であり

$$\iint_R f(x,y)\,dx\,dy = \int_c^d \left\{\int_a^b f(x,y)\,dx\right\} dy = \iint_R f(x,y)\,dx\,dy = \int_a^b \left\{\int_c^d f(x,y)\,dy\right\} dx$$

が成り立つ。

定理 126 の証明 定理 107 により，f は R 上で有界である。また，定理 109 により，任意の正の実数 ϵ に対して

$$\sup_{(x,y)\in R_j}\{f(x,y)\} - \inf_{(x,y)\in R_j}\{f(x,y)\} < \frac{\epsilon}{(b-a)(d-c)} \quad (j=1,2,\ldots,m)$$

となる R の分割 P: $R_1, R_2, \ldots, R_m$ がある。$R_j=[a_j,b_j]\times[c_j,d_j]$ とする。階段関数 g と h を，$(x,y)\in R_j$ ならば

$$g(x,y)=m_j=\inf_{(x,y)\in R_j}\{f(x,y)\},\quad h(x,y)=M_j=\sup_{(x,y)\in R_j}\{f(x,y)\}$$

と定義する。このとき

$$\begin{aligned}\iint_R g(x,y)\,dx\,dy &= \sum_{j=1}^m m_j(b_j-a_j)(d_j-c_j),\\ \iint_R h(x,y)\,dx\,dy &= \sum_{j=1}^m M_j(b_j-a_j)(d_j-c_j)\end{aligned}$$

となる。α と β を，それぞれ f の R 上の下積分と上積分とすると，

$$\begin{aligned}\beta-\alpha &< \iint_R h(x,y)\,dx\,dy - \iint_R g(x,y)\,dx\,dy\\ &= \sum_{j=1}^m (M_j-m_j)(b_j-a_j)(d_j-c_j)\\ &< \frac{\epsilon}{(b-a)(d-c)}\sum_{j=1}^m (b_j-a_j)(d_j-c_j)\\ &= \epsilon\end{aligned}$$

この不等式が任意の正の実数 ϵ に対して成り立つので，f は R 上で積分可能である。

$[c,d]$ 内の任意の y に対して，$f(x,y)$ は $[a,b]$ 上で連続なので積分可能である。

$$q(y)=\int_a^b f(x,y)\,dx$$

とする。

$$|q(y) - q(z)| = (b-a)\max_{a \le x \le b}|f(x,y) - f(x,z)| = (b-a)|f(x^*,y) - f(x^*,z)|$$

となる x^* が $[a,b]$ 内に存在する。1変数の関数同様，R 上で連続な関数は一様連続であることが示される。すなわち任意の正の実数 ϵ に対して，$\|(x_1,y_1)-(x_2,y_2)\| < \delta$ ならば $|f(x_1,y_1) - f(x_2,y_2)| < \epsilon/(b-a)$ となる正の実数 δ が存在する。このとき $|q(y)-q(z)| < \epsilon$ が成り立ち，$q(y)$ は $[c,d]$ 上で連続である。したがって $q(y)$ は $[c,d]$ 上で積分可能であり，定理125より

$$\iint_R f(x,y) = \int_c^d \left\{ \int_a^b f(x,y)\ dx \right\} dy$$

が成り立つ。式

$$\iint_R f(x,y) = \int_a^b \left\{ \int_c^d f(x,y)\ dy \right\} dx$$

が成り立つことも同様に証明される。　**証明終わり**

定義 41 S を $\boldsymbol{R}^2$ の部分集合とする。任意の正の実数 ϵ に対して，合併集合が S を含み，面積の和が ϵ 以下である有限個の長方形 $Q_1, Q_2, \ldots, Q_n$ が存在するとき，S は面積0の集合であるという。ただし $i = 1, 2, \ldots, n$ に対して，

$$Q_i = (a_i, b_i) \times (c_i, d_i) = \{(x,y) \mid a_i < x < b_i,\ c_i < y < d_i\} \tag{10.7}$$

とする。

定理 127 長方形 $R = [a,b] \times [c,d]$ 上に定義された関数 f は有界であるとする。f の不連続点の集合が面積0の集合であるならば，f は R 上で積分可能である。

定理 127 の証明

$$m = \inf_{(x,y)\in R}\{f(x,y)\}, \quad M = \sup_{(x,y)\in R}\{f(x,y)\}$$

とする。任意の正の実数 ϵ に対して，合併集合が f の全ての不連続点を含み，面積の和が $\epsilon/2(M-m)$ より小さい，式(10.7)で表される，有限個の長方形 $Q_1, Q_2, \ldots, Q_n$ が存在する。一方，$Q_1, Q_2, \ldots, Q_n$ 以外では，f は連続なので，$Q_1, Q_2, \ldots, Q_n$ のいずれとも共通部分を持たない長方形 R_i に関しては

$$m_i = \inf_{(x,y)\in R_i}\{f(x,y)\}, \quad M_i = \sup_{(x,y)\in R_i}\{f(x,y)\}$$

とすると，

$$M_i - m_i < \frac{\epsilon}{2(b-a)(d-c)}$$

となる，R の分割 $R_1, R_2, \ldots, R_m$ が存在する。このとき各 Q_j は $R_1, R_2, \ldots, R_m$ のいくつかの合併集合に含まれる。そこで，R_i がある Q_j と共通部分を持つとき，$g(x,y) = m$, $h(x,y) = M$，そうでない場合 $g(x,y) = m_i$, $h(x,y) = M_i$ と階段関数 $g(x,y)$ と $h(x,y)$ を定義する。このとき R の任意の点 (x,y) に対して

$$g(x,y) \leq f(x,y) \leq h(x,y)$$

となる。そこで α と β を，それぞれ f の R 上の上積分と下積分，ある Q_j の一部となる R_i の集合を I，それ以外の R_i の集合を J とすると，

$$\begin{aligned}
\beta - \alpha &\leq \iint_R h(x,y)\,dx\,dy - \iint_R g(x,y)\,dx\,dy \\
&= \sum_{R_i \in I} (M_i - m_i)(b_i - a_i)(d_i - c_i) + \sum_{R_i \in J} (M - m)(b_i - a_i)(d_i - c_i) \\
&\leq \frac{\epsilon}{2(b-a)(d-c)} \sum_{R_i \in I} (b_i - a_i)(d_i - c_i) + (M - m) \sum_{R_i \in J} (b_i - a_i)(d_i - c_i) \\
&< \frac{\epsilon}{2(b-a)(d-c)} (b-a)(d-c) + (M-m)\frac{\epsilon}{2(M-m)} \\
&= \epsilon
\end{aligned}$$

この不等式が任意の正の実数 ϵ に対して成り立つので，$\alpha = \beta$ となり，f は R 上で積分可能である。 **証明終わり**

定理 128 閉区間 $[a,b]$ 上に定義された関数 f は連続であるとする。このとき f のグラフ

$$C = \{(x,y) \mid a \leq x \leq b,\ y = f(x)\}$$

は面積 0 の集合である。

定理任の証明意の正の実数 ϵ に対して，定理 85 より関数 f は閉区間 $[a,b]$ 上で連続であるとする。このとき

$$0 \leq M_i - m_i < \frac{\epsilon}{2(b-a)}$$

となる $[a,b]$ の分割 $[x_{i-1}, x_i]$ $(i = 1, 2, \ldots, n)$ が存在する。ただし m_i と M_i は式 (7.3) で定義されるものとする。$Q_i = (x_{i-1}, x_i) \times (m_i, M_i)$ $(i = 1, 2, \ldots, n)$ とすると，その面積の和は

$$\sum_{i}^{n} (x_i - x_{i-1})(M_i - m_i) < \frac{\epsilon}{b-a} \sum_{i}^{n} (x_i - x_{i-1}) = \frac{\epsilon}{2}$$

となる。$Q_1, Q_2, \ldots, Q_n$ の合併集合に含まれない，C の部分は有限個の点 $(x_i, f(x_i))$ $(i = 0, 1, \ldots, n)$ なので，面積の和が $\epsilon/2$ より小さい有限個の長方形に含まれる。 **証明終わり**

一般の領域に定義された関数の積分を，次に定義する。Q を x, y 平面上の有界領域，Q 上に定義された関数 $f(x,y)$ は有界であるとする。Q を含む長方形領域 R 上に関数 $F(x,y)$ を次のように定義する。

$$F(x,y) = \begin{cases} f(x,y), & (x,y) \in Q \\ 0, & (x,y) \in R - Q \end{cases}$$

このとき $F(x,y)$ が R で積分可能ならば，$f(x,y)$ は Q で積分可能であるといい，$F(x,y)$ の R での積分を $f(x,y)$ の Q での積分と呼び，

$$\iint_Q f(x,y)\,dx\,dy = \iint_R F(x,y)\,dx\,dy$$

で表す。

定理 129 $g(x)$ と $h(x)$ は，閉区間 $[a,b]$ に定義された連続関数で，$[a,b]$ 内の任意の x に対して不等式 $g(x) \leq h(x)$ が成り立つとする。関数 f が領域

$$D = \{(x,y) \mid a \leq x \leq b,\, g(x) \leq y \leq h(x)\}$$

で有界であり，その内部で連続ならば，f は D 上で積分可能であり，

$$\iint_R f(x,y)\,dx\,dy = \int_a^b \left\{ \int_{g(x)}^{h(x)} f(x,y)\,dy \right\} dx$$

が成り立つ。

定理 129 の証明 長方形領域 $R = [a,b] \times [c,d]$ が領域 D を含み，関数 F は

$$F(x,y) = \begin{cases} f(x,y), & (x,y) \in Q \\ 0, & (x,y) \in R - Q \end{cases}$$

で定義されるとする。このとき f は D の内部で連続なので，F の不連続点は D の境界に限られる。一方，定理 128 より，D の境界は面積 0 の集合なので，F は R 上で積分可能である。$g(x) \leq x \leq h(x)$ ならば $F(x,y) = f(x,y)$ であり，それ以外では $F(x,y) = 0$ なので

$$\iint_R F(x,y)\,dx\,dy = \int_a^b \left\{ \int_c^d F(x,y)\,dy \right\} dx = \int_a^b \left\{ \int_{g(x)}^{h(x)} f(x,y)\,dy \right\} dx$$

となる。 **証明終わり**

定理 130 は定理 129 同様に証明される。

定理 130 $g(y)$ と $h(y)$ は，閉区間 $[c,d]$ に定義された連続関数で，$[c,d]$ 内の任意の y に対して，不等式 $g(y) \leq h(y)$ が成り立つとする。関数 f が領域

$$D = \{(x,y) \mid c \leq y \leq d,\ g(y) \leq x \leq h(y)\}$$

で有界であり，その内部で連続ならば，f は D 上で積分可能であり，

$$\iint_R f(x,y)\,dx\,dy = \int_c^d \left\{ \int_{f(y)}^{h(y)} f(x,y)\,dx \right\} dy$$

が成り立つ。

練習問題 188 次の積分を求めなさい。

1)

$$\iint_D \sqrt{a^2 - x^2 - y^2}\,dxdy, \quad D = \left\{(x,y) : -a \leq x \leq a,\ 0 \leq y \leq \sqrt{a^2 - x^2}\right\}$$

2)

$$\iint_D xy\,dxdy,$$

D は $(0,0)$, $(1,0)$, $(0,1)$ を頂点とする三角形。

練習問題 189 次の積分の順序を交換しなさい。

1)

$$\int_0^1 \left\{ \int_y^1 f(x,y)\,dx \right\} dy$$

2)

$$\int_0^1 \left\{ \int_{y^2}^1 f(x,y)\,dx \right\} dy$$

練習問題 190 次の積分を求めなさい。

$$\iint_\Omega e^{\frac{y}{x}}\,dx\,dy, \quad \Omega = \{(x,y) : -x \leq y \leq x,\ 1 \leq x \leq 2\}$$

10.3 体積と積分

関数 $f(x,y)$ が平面の領域 D で連続であり，D の任意の点 (x,y) に対して $f(x,y) \leq 0$ が成り立つとき，積分

$$\iint_D f(x,y)\, dx\, dy$$

は，その定義より領域

$$S = \{(x,y,z)\,|(x,y) \in D,\, 0 \leq z \leq f(x,y)\}$$

の体積であるとする。一般に，関数 $f(x,y)$ と $g(x,y)$ は平面の領域 D で連続であり，D の任意の点 (x,y) に対して $f(x,y) \leq g(x,y)$ が成り立つとき，領域

$$S = \{(x,y,z)\,|\, f(x,y) \leq z \leq g(x,y),\, (x,y) \in D\}$$

の体積 V は，

$$V = \iint_D (g(x,y) - f(x,y))\, dxdy$$

で定義される。

練習問題 191 次の立体の体積を求めなさい。

1) 半径 a の球

$$x^2 + y^2 + z^2 \leq a^2$$

2) 楕円体

$$\frac{x^2}{a^2} + \frac{y^2}{b^2} + \frac{z^2}{c^2} \leq 1$$

関連図書

[1] Tom M. Apostol, Calculus, Volume I, Second Edition, John Wiley & Sons, Inc., New York, 1967.

[2] Tom M. Apostol, Calculus, Volume II, Second Edition, John Wiley & Sons, Inc., New York, 1969.

[3] Walter Rudin, Principles of Mathematical Analysis, Third Edition, McGraw-Hill, Inc., New York, 1953.

[4] 入江昭二，垣田高夫，杉山昌平，宮寺功, 応用解析の基礎 1 微分積分（上）, 内田老鶴圃, 東京, 1975.

[5] 入江昭二，垣田高夫，杉山昌平，宮寺功, 応用解析の基礎 1 微分積分（下）, 内田老鶴圃, 東京, 1975.

■著者紹介
渡辺　雅二（わたなべ　まさじ）
1953年生まれ，東京都出身．
1987年ユタ大学大学院博士課程数学専攻修了，Ph. D.（ユタ大学）．
現在，岡山大学大学院環境学研究科教授．

数理解析学

2007年4月19日　初版第1刷発行

■著　　者——渡辺　雅二
■発 行 者——佐藤　守
■発 行 所——株式会社大学教育出版
〒700-0953　岡山市西市855-4
電話(086)244-1268(代)　FAX(086)246-0294
■印刷製本——サンコー印刷(株)
■装　　丁——北村　雅子

ISBN978－4－88730－762－9